Foued Aloui

Absorbeurs-UV Inorganiques pour le Bois

Foued Aloui

Absorbeurs-UV Inorganiques pour le Bois

Rôle des absorbeurs UV inorganiques sur la photostabilisation des systèmes bois-finition transparente

Presses Académiques Francophones

Mentions légales / Imprint (applicable pour l'Allemagne seulement / only for Germany)
Information bibliographique publiée par la Deutsche Nationalbibliothek: La Deutsche Nationalbibliothek inscrit cette publication à la Deutsche Nationalbibliografie; des données bibliographiques détaillées sont disponibles sur internet à l'adresse http://dnb.d-nb.de.
Toutes marques et noms de produits mentionnés dans ce livre demeurent sous la protection des marques, des marques déposées et des brevets, et sont des marques ou des marques déposées de leurs détenteurs respectifs. L'utilisation des marques, noms de produits, noms communs, noms commerciaux, descriptions de produits, etc, même sans qu'ils soient mentionnés de façon particulière dans ce livre ne signifie en aucune façon que ces noms peuvent être utilisés sans restriction à l'égard de la législation pour la protection des marques et des marques déposées et pourraient donc être utilisés par quiconque.

Photo de la couverture: www.ingimage.com

Editeur: Presses Académiques Francophones est une marque déposée de
Südwestdeutscher Verlag für Hochschulschriften GmbH & Co. KG
Heinrich-Böcking-Str. 6-8, 66121 Sarrebruck, Allemagne
Téléphone +49 681 37 20 271-1, Fax +49 681 37 20 271-0
Email: info@presses-academiques.com

Produit en Allemagne:
Schaltungsdienst Lange o.H.G., Berlin
Books on Demand GmbH, Norderstedt
Reha GmbH, Saarbrücken
Amazon Distribution GmbH, Leipzig
ISBN: 978-3-8381-7159-3

Imprint (only for USA, GB)
Bibliographic information published by the Deutsche Nationalbibliothek: The Deutsche Nationalbibliothek lists this publication in the Deutsche Nationalbibliografie; detailed bibliographic data are available in the Internet at http://dnb.d-nb.de.
Any brand names and product names mentioned in this book are subject to trademark, brand or patent protection and are trademarks or registered trademarks of their respective holders. The use of brand names, product names, common names, trade names, product descriptions etc. even without a particular marking in this works is in no way to be construed to mean that such names may be regarded as unrestricted in respect of trademark and brand protection legislation and could thus be used by anyone.

Cover image: www.ingimage.com

Publisher: Presses Académiques Francophones is an imprint of the publishing house
Südwestdeutscher Verlag für Hochschulschriften GmbH & Co. KG
Heinrich-Böcking-Str. 6-8, 66121 Saarbrücken, Germany
Phone +49 681 37 20 271-1, Fax +49 681 37 20 271-0
Email: info@presses-academiques.com

Printed in the U.S.A.
Printed in the U.K. by (see last page)
ISBN: 978-3-8381-7159-3

Faculté des Sciences et Techniques Nancy 1
UFR STMP

École doctorale RP2E

Rôle des absorbeurs UV inorganiques sur la photostabilisation des systèmes bois-finition transparente

THÈSE

Présentée et soutenue publiquement : le 23 Mars 2006

pour l'obtention du

Doctorat de l'université Henri Poincaré – Nancy 1

(Spécialité : Sciences du bois et des fibres)

par

Foued Aloui

Directeur de thèse : Prof. André Merlin

Composition du jury

Président :	Mr. Guy Furdin	Professeur, Université de Nancy 1
Rapporteurs :	Mr. Pierre Viallier	Professeur, Université de Mulhouse
	Mr. Jean-Marc Saiter	Professeur, Univerité de Rouen
Examinateurs :	Mr. Bertrand Charrier	Maître de conférences, Université de Pau
	Mme Béatrice George	Maître de conférences, Univerité de Nancy 1
	Mr. André Merlin	Professeur, Université de Nancy 1

Laboratoire d'Etude et de Recherches sur le Matériau Bois–UMR A1093 INRA/ENGREF/UHP
BP 239-54506 Vandoeuvre les Nancy, France– Tel: + 33 (0)3 83 68 48 37 Fax: + 33 (0)3 83 68 44 98

lermab

Préface

Ce travail de thèse intitulé "Rôle des absorbeurs UV inorganiques sur la photostabilisation des systèmes bois-finition transparente" a été mené dans le cadre du programme AUVIB (Mise au point de nouvelles formulations à base d'absorbeurs UV inorganiques visant à limiter la photodégradation du bois.) soutenu par le ministère de l'économie, des finances et de l'industrie. Ce programme labellisé en 2001 dans le cadre du réseau RNMP (Réseau National Matériaux et Procédés) regroupe des partenaires industriels (groupes Rhodia, Lapeyre et la société Sayerlack) et des partenaires de la recherche publique groupe matériaux (INM de Nantes, ICMC de Bordeaux, LVC de Rennes, LIMHP de Paris) et groupe application (ESB de Nantes et LERMAB de Nancy).

L'objectif de ce programme est de mettre au point et de commercialiser à court et moyen terme des produits de finition transparente permettant d'assurer une durabilité suffisante de l'aspect de surface des ouvrages en bois pour concurrencer les matériaux synthétiques comme le PVC utilisé en menuiserie. En effet, les producteurs de revêtements de surface attendent des solutions performantes pour la protection du bois en utilisation extérieure en terme de durabilité qui aujourd'hui reste limitée.

La solution envisagée dans ce programme et donc dans ce travail de thèse au LERMAB constitue une rupture technologique visant à substituer les stabilisants organiques par des additifs minéraux inertes et durables. Dans ce programme, nous nous sommes attachés à étudier l'amélioration de la stabilité de l'aspect de surface d'échantillons de bois revêtus d'une finition aqueuse transparente contenant d'une part des absorbeurs UV organiques commerciaux et d'autre part des absorbeurs UV inorganiques synthétisés et mis en nanodispersion par les collaborateurs de ce programme AUVIB.

RNMP

Réseau de Recherche et
d'Innovation Technologiques
Matériaux et Procédés

Remerciements

Il n'y a pas si longtemps quand on me demandait où j'en étais avec ma thèse, je répondais que ça marchait doucement. J'ai l'impression que beaucoup de choses sont passées sur un fil, entre le moment où j'ai allumé la SEPAP pour la première fois avec Idriss, en passant par ces premières heures d'irradiation des échantillons de bois avec des absorbeurs UV de 1re génération et à attendre enfin la synthèse et l'application des nouveaux absorbeurs UV de la seconde génération, et celui où j'ai cherché à en expliquer les résultats de vieillissement par des analyses de TMA et RPE...Maintenant, c'en est fini de cette thèse, mais surtout j'espère que ce n'en est pas fini avec la recherche.

Beaucoup de choses sont passées sur un fil, mais surtout beaucoup de personnes m'ont aidé à éclairer le chemin ou à me soutenir pour mener à bien mon travail.

Je remercie avant tout André Merlin qui m'a lancé sur la physico-chimie des polymères appliquée sur le bois, pour la confiance qu'il m'a toujours témoignée, en me laissant mener ma barque comme je le souhaitais, ses conseils et le temps qu'il a toujours trouvé à me consacrer quand j'en avais besoin malgré ses occupations de directeur adjoint du labo. Grâce à lui, j'ai pu mener ce travail dans un excellent environnement, sur le plan du matériel au laboratoire, mais aussi avec la possibilité de participer à des congrès et écoles nationales et internationales. Toutes ces conditions ne sont pas données à tous les thésards dans tous les laboratoires et j'ai eu beaucoup de chance de pouvoir travailler avec lui au Lermab, à apprendre de sa longue experience.

J'ai aussi beaucoup de chance et de plaisir à être dans la même équipe que Béatrice George qui a co-dirigé mon travail. Je voudrais la remercier pour m'avoir laissé de l'autonomie dans mon travail, et je pense particulièrement, aux moments où je rédigeais une présentation, un poster, une communication ou un rapport, elle était là, avec sa gentillesse et son sourire, pour corriger et me conseiller. C'est grâce à elle que cette thèse ressemble à une thèse et ce travail a été considérablement enrichi par son apport.

Je remercie Xavier Déglise, le directeur du Lermab jusqu'à fin 2004 et Patrick Perré, le directeur du Lermab depuis 2005 et avec qui j'ai pu faire mes essais mécaniques à L'ENGREF. Je n'oublie pas de remercier André Zoulalian le responsable de la formation doctorale.

Je remercie aussi beaucoup Bertrand Charrier pour son triple rôle en tant qu'encadrant de mon DEA à l'Ecole Superieure du Bois de Nantes, coordinateur du projet AUVIB et examinateur pour cette thèse. J'oublie jamais, que grâce à lui j'ai fait mon DEA, et c'est grâce à lui que j'ai pu décrocher cette thèse et je ne l'oublierai pas que c'est grâce à lui encore qu'elle sera évaluée.

Je remercie aussi tous les membres de mon jury Guy Furdin, Jean Marc Saiter et Pierre Viallier les rapporteurs de ce travail et qui ont bien voulu faire le déplacement depuis Rouen et mulhouse pour l'évaluation de cette thèse et apporter leurs critiques constructives pour améliorer le manuscrit.

Je tiens à remercier aussi nos partenaires industriels et de recherche du projet AUVIB (cités dans la liste des contributants) et en particulier J.Y. Bohic et O. Pacary de la société Sayerlack, V. Bridaux de la société Lapeyre et B. Echalier de la société Rhodia.
Mes remerciements aussi à la société Ciba Chemicals Speciality et la société Sachtleben pour la fourniture de Tinuvin et l'Hombitec respectivement.

Au niveau local, je remercie mes stagiaires de licence IUP GSI : Abdelaziz Juini et Loïc Vouillemin et mes collègues en DEA, thèse ou Postdoctorat, avec qui j'ai pu échanger du matériel et discuter des idées autour d'une tasse de café et particulièrement : Sakina Yagi, Idriss Elbakali, Papa Diouf, Aziz Ahajji, Mimouna Elkhelyfy, Youcef Irmouli, Buyun Lu, Adil Ansari, Ibrahim Ben Ammar, Mohamed Hakkou, Bouddah Poaty Poaty, Anthony, Shi Yuting et Han Shu Guang.
Je remercie également l'ensemble des membres du Lermab pour la sympathie qu'ils m'ont toujours témoigné, l'aide qu'ils ont pu m'apporter et qui ont rendu ces trois années très agréables. Je les cite en espérant n'oublier personne : Laurent Chrusciel, Christine Canal, François Hubert, Corinne Courtehoux, André Donnot, Anne Bellefoy, Fatima Ouaddou, Dominique Perrin, Tatjana Stevanovic, Marie-Odile Rigo, Voichita Bucur, Jean-Michel Esmez, Manu, Stéphane Dumarçay, Stephane Molina, Mathieu Pétrissans et Philippe Gérardin.

Je n'oublie pas aussi de remercier tous mes professeurs du département Foresterie de l'INAT et de L'INRGREF de Tunisie et en particulier N. Akrimi, H. Snane, A. Khouaja, H. Chaär, M. E. Ben Jamaä, M. Jalleli et S. Mnara.

Je n'oublie pas bien sûr mes amis qui ont pu créer une ambiance familiale, qui a rendu mon séjour en Lorraine très agréable.

لَا أَنسَ طَبْعًا عَائِلَتِي فِي تُونِس وَخَاصَّةً زَوْجَتِي سُنِيَّة، أُخْتِي سُعَاد وَإِخْوَتِي مُحِسِن، عَبْد الحَمِيد وَجَمَال، اللَّذِينَ سَاعَدُونِي وَشَجَّعُونِي عَلَى مُوَاصَلَةِ دِرَاسَتِي. شُكْرًا أَيْضًا لِخَالَتِي نَاجِيَة وَخَالِي يُوسُف فِي فَرَنْسَا عَلَى حُسْنِ الضِّيَافَة.
وَالفَضْلُ، كُلُّ الفَضْلِ، إِلَى أَبِي وَأُمِّي رَحْمَةُ اللَّهِ عَلَيْهِمَا . اللَّهُمَّ ارْحَمْهُمَا كَمَا رَبَّيَانِي صَغِيرًا .

شُكْرًا جَزِيلًا لِلجَمِيعِ.

Contribuants

Les chercheurs et industriels suivants ont contribué au bon déroulement du programme AUVIB.

Groupe Lapeyre
V. Brideaux

Société Sayerlack
J.Y. Bohic
O. Pacary

Société Rhodia
D. Fauchadour
B. Echalier

Laboratoire LVC de Rennes
R. Marchand
F. Tessier
C. Baker
F. Cheviré

Laboratoire ICMCB de Bordeaux
A. Demourgues
D. Pauwels
N. Viadere

Laboratoire LIMHP CNRS de Paris
C. Colbeau-Justin
N. Dupont
M. Bouchard

Institut IMN Nantes
S. Jobic
N. Calin

Ecole ESB de Nantes
S. Belloncle
N. Ayadi

Je dédie cette thèse
à ma femme Sonia.

Table des matières

Chapitre 2

Matériels et méthodes

Chapitre 3
Résultats et discussions

Annexes

Préambule

Pourquoi des Absorbeurs Ultra-Violets Inorganiques pour le Bois ?

Comme de nombreuses molécules organiques naturelles, le bois est dégradé lorsqu'il est exposé à la lumière [Hon, 1990 ; Mazet et al. 1993]. Cette dégradation consiste en un changement de couleur et de l'état de surface du bois. Les modifications de couleur non maîtrisées gênent considérablement le développement du bois en extérieur. Les radiations UV de la lumière du jour associées aux cycles d'humidification répétées de bois recouverts ou non d'une finition transparente (vernis ou lasure) constituent les principales origines de la dégradation de la surface d'un bois utilisé en extérieur. L'origine de la modification de couleur reste complexe et a été étudiée par de nombreuses équipes scientifiques depuis le milieu des années 1970. Ainsi, les changements chimiques localisés sur les couches superficielles du bois sont majoritairement liés à la dégradation par mécanisme radicalaire des lignines, polymère phénolique représentant entre 18 et 25 % de la matière sèche du bois [Deglise et Merlin, 1994]. Les modélisations du comportement aux UV à partir de monomères de lignines, ont montré que les liaisons β-O-4 benzylarylethers sont coupées et génèrent des radicaux phénoxy qui sont ensuite oxydés en quinones et en substances colorées obtenues à partir de mécanismes de condensation [Vanucci et al, 1988]. Des travaux menés par Castellan et al 1990, permirent de préciser la relation entre le rayonnement UV et la production de produits colorés. Ainsi ils démontrèrent que les composés phénoliques absorbant les rayons UV au delà de 300 nm pouvaient générer des substances colorées. Pour limiter la dégradation du bois à la lumière, de nombreuses substances capables d'absorber les rayonnements UV ont été développées depuis une vingtaine d'années. De nature minérale ou organique ou bien les deux à la fois, elles peuvent être appliquées selon trois modes : le greffage, l'imprégnation directe dans le bois et l'introduction dans des formulations de vernis ou de lasures. A partir de la connaissance, à l'échelle moléculaire, des différents processus photophysiques et photochimiques impliqués dans la photodégradation du bois, plusieurs stratégies pour stabiliser l'aspect de surface ont pu être définies [Deglise et Merlin, 2000]. La formation des radicaux phénoxyles colorés explique les altérations de l'aspect coloré lors de l'exposition à la lumière d'ouvrages en bois recouverts d'une finition transparente : le film de finition constituant une barrière à l'oxygène, les modifications de couleur d'un échantillon recouvert de la finition sont de même nature que celles observées sur un échantillon non traité lors d'une irradiation en atmosphère inerte [Gaillard, 1984]. Ainsi, la stabilisation de la couleur d'un ouvrage recouvert ou non d'une finition transparente nécessite :

- soit d'éviter la formation des radicaux phénoxyles par exemple en modifiant chimiquement les groupes photosensibles ou en "piégeant" ces radicaux phénoxyles par des

réactions de transfert radicalaire,
- soit d'éliminer le flux de photons arrivant sur les chromophores par l'ajout d'additifs ou
en surface du bois avant l'application de la finition et/ou directement dans la formulation
de la finition.

L'action des absorbeurs UV relève de cette dernière stratégie. Ces composés absorbent
fortement les photons dans le domaine 300-400 nm qui correspond à l'absorption des chromophores du bois responsables des réactions de dégradation. L'énergie lumineuse absorbée
est alors dissipée dans un cycle de réactions intramoléculaires en deux étapes : après absorption, isomérisation rapide et retour à la structure de départ du produit. Ainsi les
modifications chimiques du bois par greffage (estérification ou etherification) permettent
de réduire sensiblement la dégradation photocatalytique des lignines [Immamura, 1993].
Récemment des techniques de greffage d'antioxydants organiques sur les fonctions hydroxyles du bois grâce à des complexes à base d'isocyanates [Grelier et al, 1997] montrèrent une capacité à stabiliser la couleur meilleure que pour les additifs adsorbés à la
surface du bois.
Il a été démontré au début des années 1990 que les agents de réduction comme les thiols,
sulfoxylates et hypophosphite sont capables de réduire les modifications de couleur du
bois exposé aux UV [Davidson et al, 1991]. Les meilleurs additifs pour limiter la photodécoloration du bois sont les absorbeurs UV de type 2-hydroxybenzophénone (HBP) et les
hydroxybenzotriazole (HBT) [Castellan et al, 1994]. Les formulations à base de produits
minéraux comme le chrome (Cr VI) et le fer (Fe III) permettent également de limiter la
photodégradation [Evans, 1994].
Dans ce projet, de nouvelles stratégies ont été adoptées pour l'amélioration de photostabilisation des systèmes bois-finition, il s'agit du développement de nouveaux absorbeurs
UV inorganiques du "2e génération".

Mais pourquoi des absorbeurs UV inorganiques pour ce projet ? Il y a principalement trois raisons qui expliquent l'intérêt que l'on peut porter aux absorbeurs UV
inorganiques :

1   Développement de la nanotechnologie

Les nanotechnologies, qui reposent sur la connaissance et la maîtrise de l'infiniment
petit (un nanomètre = un milliardième de mètre = 10^{-9}m), constituent un enjeu majeur
pour l'industrie de demain. Par la multiplicité de leurs applications potentielles, les nanotechnologies vont de plus en plus faire partie de notre quotidien. Si certains marchés sont
déjà clairement identifiés, comme les technologies de l'information (circuits intégrés, puces
électroniques, téléphones portables ...), pour d'autres secteurs, qui touchent par exemple
à la biologie ou aux nouvelles technologies de l'énergie, les perspectives sont encore théoriques. En amont de toutes les recherches et applications, on trouve les nanomatériaux,
marché qui double tous les trois ans (FIG. 1). Ils constituent véritablement la " brique de
base " vers la réalisation de tous les produits industriels [le Marois, 2004].

Les nanomatériaux sont des matériaux composés de nanostructures dont la taille peut
être de l'ordre de quelques atomes. Ces nanostructures peuvent gouverner les propriétés

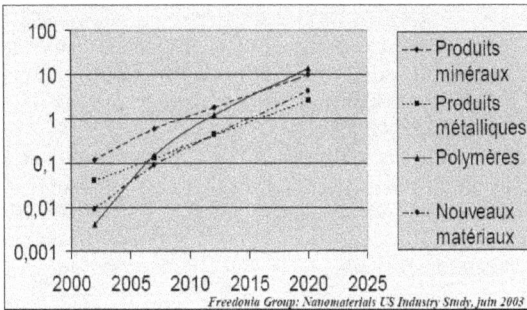

FIG. 1 – Evolution du marché américain des nano-matériaux (en milliards d'€)

et le comportement du matériau massif. La nature produit très fréquemment des nanomatériaux, qu'il s'agisse de minéraux ou de matériaux d'origine biologique, la nacre, les os, le cuir ...[CEA, 2003]. Par ailleurs, très tôt, des procédés industriels ont fait appel à des nanomatériaux. Par exemple, les propriétés optiques des particules inorganiques peuvent changer suivant leur taille et leur structure nanométriques.

Ce qui est en train d'évoluer, c'est la capacité que nous avons désormais à observer, comprendre, voire contrôler de façon très fine, les mécanismes qui interviennent à l'échelle moléculaire et à produire des édifices nanométriques (nanoparticules) et des matériaux massifs nanostructurés.

L'avantage du développement de la nanotechnologie est donc non seulement le contrôle des dimensions des particules inorganiques et leur morphologie, mais aussi la qualité de dispersion dans les résines de finition (nanodispersion). Cet avantage va permettre, par la suite le contrôle et l'amélioration des propriétés optiques indispensables de la protection UV du système bois-finition. Par ailleurs, l'incorporation d'absorbeurs UV inorganiques sous forme nanostructurée a déjà été testée pour des formulations en cosmétologie ou pour la stabilisation des films de polyéthylène en utilisation agricole ; cette méthodologie n'a jamais été appliquée pour la stabilisation des résines transparentes appliquées en couches minces.

2 Insuffisance et limites des produits déjà utilisés

L'impossibilité actuelle de garantir une pérennité suffisante de l'aspect de surface d'un ouvrage en bois recouvert d'une finition transparente constitue un réel handicap à l'utilisation de ce matériau en intérieur mais surtout en extérieur. En fait, dans le bois, les lignines (20 à 25 % de la masse) possèdent, dans leur structure moléculaire, des chromophores susceptibles d'absorber le rayonnement solaire et d'altérer la couleur du bois. L'étude du comportement photochimique des lignines et d'autres molécules chromophores a permis d'établir un mécanisme, à l'échelle moléculaire, rendant compte de l'ensemble des réactions de dégradation. En l'absence d'oxygène, les modifications de couleur sont liées à

3

la formation de radicaux phénoxyles de longue durée de vie absorbant dans le domaine visible. En présence d'oxygène, ces radicaux se désactivent pour donner des photo-produits stables également colorés. La stabilisation de la couleur naturelle du bois d'un ouvrage nécessite de limiter l'activité des photons ou de "piéger" les radicaux. L'ajout d'absorbeurs UV dans la formulation des finitions transparentes relève de la première stratégie. Actuellement, l'utilisation de ces additifs ne ralentit pas suffisamment les cinétiques des modifications de couleur d'où la nécessité de la mise au point de formulations de finitions transparentes efficaces dont la nature sera dépendante de l'essence sur laquelle elle est appliquée.

Les absorbeurs UV minéraux utilisés aujourd'hui n'ont originellement été conçus ni pour une application anti-UV, ni pour la protection spécifique des bois. Il s'agit pour la plupart de matériaux pigmentaires blancs dont l'application a été détournée de leur fonction première (anti-UV dits de 1re génération de type oxyde de titane rutile). Ces matériaux présentent l'inconvénient majeur d'avoir un indice de réfraction élevé dans le visible, ce qui conduit à une forte diffusion des rayonnements et un blanchiment systématique de la matrice dans laquelle ils sont dispersés. Il faut distinguer les absorbeurs UV organiques (benzotriazole, benzophénone), généralement associés à des anti-oxydants, des absorbeurs UV de 1re génération TiO_2, ZnO.

Absorbeurs Organiques

Sur le segment des vernis pour bois, le prix moyen de ces produits est de l'ordre de 30 euros/kg. Ces produits sont efficaces aux temps courts mais la dégradation et la migration de ces petites molécules, amplifiées par le lessivage exercé par la pluie rendent ces produits inefficaces à plus long terme. La protection n'est alors plus assurée. Le film polymère se dégrade, l'eau rentre dans le bois et accélère la dégradation. Le producteur de référence pour les stabilisants organiques est la société Ciba Chemicals Speciality mais la société Clariant est également un acteur majeur.

Absorbeurs minéraux

Sont proposés sur le marché des dioxydes de titane produits par Sachtleben ou Kemira mais également des oxydes de cérium, par exemple au Japon (Nippon Denko). Les dioxydes de titane proposés sont de type rutile donc aciculaires obtenus par calcination et broyage (Sachtleben), dopés par du fer, revêtus par de la silice, de l'alumine pour inhiber les effets photocatalytiques intrinsèques à ces produits et enfin généralement traités en surface par des substances organiques pour assurer leur compatibilité dans les vernis solvantés ou aqueux. La dimension élémentaire de ces particules est de l'ordre de 20-40 nm mais on observe des agrégats de taille supérieure à 100 nm qui nuisent fortement à la transparence des revêtements et confèrent une couleur blanchâtre, inacceptable, aux revêtements transparents. De ce fait, leur utilisation est extrêmement limitée et il n'y a pas de raisons de les voir se développer intensivement à brève ou moyenne échéance. Le prix proposé pour ces dioxydes de titane nanométrique est de l'ordre de 45 euros/kg.

Depuis plusieurs années, les producteurs de vernis et lasures et les industries du bois (Arch Coating France et Lapeyre par exemple) ont pour objectif principal le développement de nouveaux agents protecteurs du bois, parmi lesquels on peut citer Flash et Aquaflash ou encore les hydrocires dont il reste à améliorer les propriétés d'absorption UV. Les entreprises espèrent arriver à une très bonne maîtrise des formulations et de la stabilisation des suspensions des poudres absorbantes dans les composites liquides de recouvrement du bois ainsi que de l'adaptation de l'outil de production de menuiseries extérieures à l'utilisation de ces nouvelles formulations de vernis.

3 La demande industrielle et la concurrence des marchés

D'après l'étude, menée courant janvier 2001 par l'Ecole Supérieure du Bois auprès de 115 industriels de la région des Pays de Loire, 85 % des entreprises souhaiteraient pouvoir garantir plus longtemps la couleur naturelle du bois et expriment leur intérêt pour de nouveaux produits capables de ralentir tout processus de décoloration. Les principaux secteurs préoccupés par cette problématique sont l'industrie du meuble, de la menuiserie, du parquet et de la construction. Ces quatre domaines représentent à eux seuls en France près de 80 milliards de francs (12,2 milliards d'euros) de chiffre d'affaire. Or depuis une quinzaine d'années, le bois a subi, notamment dans le domaine de la menuiserie, la concurrence sévère de matériaux nécessitant moins d'entretien, tels que le PVC et l'aluminium. Résoudre le problème de la stabilité esthétique du bois permettrait de reconquérir des parts importantes de marché et re-dynamiser un secteur industriel sinistré. On peut estimer que les industries du bois pourraient alors regagner au moins 10% de parts de marché dans le secteur de la menuiserie industrielle et ce, dans les cinq prochaines années. L'instabilité de la couleur, associée au vieillissement des vernis, limite ainsi le développement des menuiseries en bois qui nécessitent un entretien régulier dont on peut estimer la fréquence entre 2 et 5 années. L'absence de solution efficace à l'heure actuelle génère une réelle limitation de l'expansion du marché des ouvrages en bois. Si l'on observe par exemple l'évolution du marché des menuiseries en France (CA total d'environ 16 milliards de francs soit 2,4 milliards d'euros par an), la part des menuiseries bois (actuellement 30%) n'a cessé de diminuer au profit des menuiseries PVC qui occupent 50 % des parts de marché aujourd'hui alors qu'il y a 20 ans, elles ne représentaient que 5 % de la totalité des menuiseries vendues en France contrairement aux menuiseries bois qui occupaient plus de 50% du marché [Rapport Bianco, 1998].

Introduction

Face à l'ensemble des techniques développées, il n'existe pas à l'heure actuelle de systèmes industrialisables capables de garantir plus de cinq années l'absence de modification de la couleur du bois. C'est dans ce contexte que nous souhaitons développer notre recherche. Il apparaît que l'utilisation d'absorbeurs UV minéraux plus stables et moins susceptibles de migrer que les absorbeurs UV organiques pourrait être une solution. Le frein à leur utilisation dans les formulations de finitions transparentes est lié à leur fort pouvoir matant. Avec la possibilité de les introduire sous forme nanostructurée, on peut espérer garder la transparence du film de finition. Si l'incorporation d'absorbeurs UV inorganiques sous forme nanostructurée a déjà été testée pour des formulations en cosmétologie, cette méthodologie n'a jamais été appliquée pour la stabilisation des résines transparentes appliquées en couches minces.

L'un des principaux objectifs de ce projet est le développement d'un anti-UV minéral de 2e génération, c'est-à-dire de composition et de morphologie optimisées pour une application spécifique d'absorbeur UV.

Ainsi, on propose dans ce projet la production d'un additif minéral (nanométrique, micronique ou submicronique ...) dispersé en milieu aqueux ou en milieu solvant, compatible avec les lasures (Acryliques, Alkydes, Polyuréthane, Cellulosique etc.) en tant que filtre UV dans les marchés des vernis et lasures pour bois.

L'objectif est de proposer une durabilité améliorée des bois ainsi traités par rapport à celle obtenue avec des absorbeurs UV organiques ou une performance globale (transparence / protection) supérieure à celle des additifs minéraux concurrents (dioxyde de titane, oxyde de zinc), dits de 1re génération.

C'est ainsi que s'inscrivent les travaux de la présente thèse de doctorat menée au Laboratoire d'Etudes et de Recherches sur le MAtériau Bois (LERMAB) en collaboration avec cinq laboratoires de recherche (CMCB, IMN, LVC, ESB et LIMPH) et trois sociétés industrielles (Sayerlack, Lapeyre et Rhodia).

Ce partenariat avait pour cadre un caution performance (RNMP Réseau de Recherche et d'Innovation Technologique Matériaux et Procédés) soutenu par le ministère de l'industrie pour 3 années de 2003 à 2005, et intutilé "Mise au point de nouvelles formulations à base d'absorbeurs UV inorganiques visant à limiter la photodégradation du bois AUVIB". Notre travail a été orienté vers l'utilisation des absorbeurs UV inorganiques de 2e génération". Si la thématique de ce projet "photostabilisation des systèmes bois-finition", s'inscrit dans la continuité des travaux déjà menés au LERMAB, l'utilisation des absorbeurs UV inorganiques pour des finitions transparentes à cet effet est un thème nouveau pour le laboratoire. En effet, plusieurs travaux antérieurs ont mené à la compréhension du phénomène de photodégradation et au développement de méthodes et de procédés de photostabilisation. Ci-après un petit aperçu de cet historique :

◊ Phénomène de photodégradation (travaux de Dirckx, Martin, Gaillard,etc.)

◊ Incorporation de stabilisants organiques (absorbeurs UV, HALS, Quenchers) dans les résines de finition (travaux de Podgorski, Gaillard)

◊ Modification chimique de bois par estérification ou bois rétifié (Travaux de Soulanganga)

◊ Prétraitement du bois par des stabilisants de surface du bois CGL (travaux de El Bakali, Ahajji)

Notre travail s'est articulé autour de trois axes principaux :

1. Evaluation des performances de photostabilisation des absorbeurs UV synthétisés en comparaison avec celles des absorbeurs UV commerciaux organiques ou inorganiques de 1re génération.

2. Etude des processus radicalaires impliqués dans les réactions de photodégradation des systèmes bois-finition-absorbeurs UV.

3. Etude du comportement des résines et influence de l'introduction des absorbeurs UV (propriétés spectrométriques, physico-mécaniques) lors du vieillissement.

Ainsi, ce rapport de thèse est décomposé en trois chapitres :

Le chapitre 1 (Etude bibliographique) présente l'état de l'art sur la photostabilisation des systèmes bois-finition. Il est constitué de trois grandes parties :

-Comprendre le matériau bois et sa finition

-Phénomènes de photodégradation

-Tests et principes de photostabilisation.

Le chapitre 2 (Matériels et méthodes) décrit la méthodologie suivie dans ce travail et contient les informations sur le matériel utilisé, ainsi que les méthodes appliquées.

Précisons que les produits utilisés dans ce travail (bois, vernis, absorbeurs UV) n'ont pas été fournis seulement par nos partenaires sociétés industrielles (Lapeyre, Rhodia et Sayerlack) et laboratoires de recherche (LVC), mais aussi par des sociétés externes spécialisées en produits chimiques et en particulier en anti-UV comme la société Sachtleben productrice de l'hombitec (dioxyde de titane) ou la société Ciba Chemicals Speciality fabricant de tinuvin (absorbeur UV organique).

Ajoutons que malheureusement, pour les produits commerciaux, nous n'avons que quelques informations générales dépourvues des détails de fabrication ou de composition pour des raisons de confidentialité commerciale (concurrence).

Le chapitre 3 (Résultats et discussions) présente les résultats obtenus depuis les critères de sélection, les essais de synthèse, les tests photocatalytiques jusqu'aux tests de vieillissement comme suit :

Résultats d'analyses structurales et spectrales, ainsi que les résultats des tests photocatalytiques d'un nouvel absorbeur UV inorganique RNE FM 19900. Cette partie a été principalement effectuée par nos partenaires IMN, LVC et LIMHP.

- Influence des absorbeurs UV sur la transparence des films de finition

- Résultats d'essais de vieillissement pour les finitions d'intérieur et d'extérieur et perfor-

mances de photostabilisation des différents absorbeurs UV testés.
- Recherche de synergie entre les absorbeurs UV.
- Amélioration de la photostabilisation par des nouveaux systèmes de finition (application d'une couche isolante, application d'un prétraitement).

Dans ce chapitre, nous avons essayé d'appréhender le comportement des absorbeurs UV inorganiques à partir du suivi de certaines propriétés (propriétés spectroscopiques, T_g, module d'Young, propriétés mécaniques, phénomènes radicalaires, etc.) en comparaison avec les résultats obtenus avec les absorbeurs UV organiques ou inorganiques de 1re génération.

Chapitre 1

Etude bibliographique

Sommaire

1.1 Comprendre le matériau bois et sa finition[1]

Le bois possède des qualités tout à fait particulières et irremplaçables tant du point de vue technique qu'esthétique. L'expression commune "le bois est un matériau naturel", sous-entend d'une part la variabilité des propriétés et d'autre part la complexité, résume à elle seule la complexité qu'il y aura à lui appliquer des traitements satisfaisants et durables dans le temps. Pour espérer avoir un bon résultat, il est essentiel de connaître la structure du bois et ses interactions avec les produits de traitement.

---

[1]La citation systématique et répétitive de chaque référence associée à cette partie alourdirait considérablement le texte. Les informations qui ont permis son écriture proviennent de différents articles de revues, encyclopédies et ouvrages consacrés au bois et sa finition dont particulièrement : [Roux et Anquetil, 1994]

Les performances d'un système de protection du bois dépendent de l'adéquation : support
- produit- application. Si les formulations des produits font l'objet d'améliorations, si les
conditions d'application peuvent être maîtrisées, les caractéristiques du support restent
celles d'un matériau naturel, variables d'une espèce à l'autre, variables en fonction des
conditions de croissance. Ces particularités doivent être prises en compte pour apprécier
la qualité et la durée de vie d'un revêtement.

1.1.1 Le matériau bois : Généralités

Etant un matériau composite naturel, le bois a des caractéristiques chimiques définies
par sa composition élémentaire et par la nature de ses différents constituants.

1.1.1.1 Composition et structure du bois

La composition chimique du bois

Le bois est un matériau complexe comparé aux matériaux synthétiques comme les
plastiques ou les métaux. La masse sèche est composée principalement de 3 polymères
qui sont : la cellulose, les lignines et les hémicelluloses. Les cendres (résidus minéraux)
et les produits extractibles comme les terpènes, les tannins et les huiles ne représentent
qu'une petite fraction de la composition chimique de l'ordre de 2 à 5%. La lignine avec
ses trois unités structurales phénylpropanol (FIG. 1.1) dans le bois présente 27 à 37%
pour les résineux (pin, sapin, épicéa...) et 15 à 29% pour les feuillus (chêne, eucalyptus
...). La cellulose (FIG. 1.2) et les hémicelluloses (FIG. 1.3) qui présentent le reste de la
composition du bois, entrent dans la construction des cellules de bois alors que les lignines
servent de liants entre les cellules.

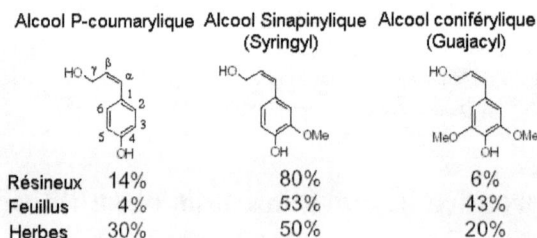

	Alcool P-coumarylique	Alcool Sinapinylique (Syringyl)	Alcool coniférylique (Guajacyl)
Résineux	14%	80%	6%
Feuillus	4%	53%	43%
Herbes	30%	50%	20%

FIG. 1.1 – Les 3 principales unités structurales phénylpropanol de lignines

Structure anatomique du bois

Le bois est une matière organisée élaborée par l'arbre. L'anatomie s'intéresse à la
distribution et à l'organisation des cellules les unes par rapport aux autres. Des plans
d'organisation, encore appelés plans ligneux, se distinguent et permettent l'identification
des espèces selon trois directions : transversale, radiale et tangentielle. Nous présentons
sur la figure FIG. 1.4 le plan ligneux des essences feuillues et des essences résineuses. Pour

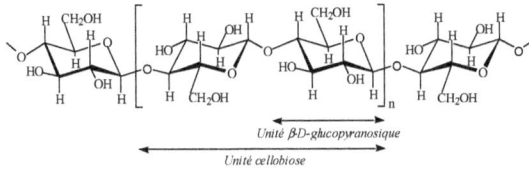

FIG. 1.2 – Structure de la cellulose

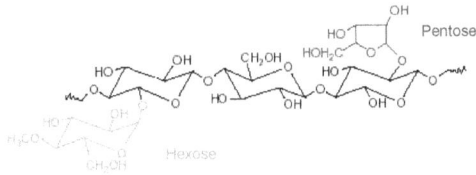

FIG. 1.3 – Exemple de molécules d'hémicelluloses liées à la cellulose

les premières, la pénétration du revêtement se limite principalement aux vaisseaux ouverts en surface et seuls quelques constituants de la finition de bas poids moléculaires peuvent atteindre les cellules voisines par l'intermédiaire des ponctuations. Pour les secondes, la finition tend à pénétrer via les trachéides.

Comportement du duramen et de l'aubier

L'aubier est la partie vivante du tronc d'arbre, formée des cernes d'accroissement les plus récents où circule la sève brute. Au fur et à mesure de la croissance de l'arbre, les accroissements annuels les plus anciens, refoulés vers l'intérieur, meurent, se chargent éventuellement de tannins et de matières colorantes, formant ainsi une zone centrale de teinte plus foncée appelée duramen ou bois parfait. Duramen et aubier, de par leur constitution chimique différente, ne présentent pas des comportements identiques vis-à-vis des produits de finitions. L'aubier, plus tendre et plus poreux, offre une capacité d'absorption plus élevée que le duramen. La quantité de produit restant en surface y est souvent plus faible, ce qui diminue la tenue dans le temps du revêtement.

1.1.1.2 Principales propriétés macroscopiques du matériau bois

La couleur naturelle des bois

Parmi les constituants macromoléculaires principaux du bois, seules les lignines possèdent des chromophores susceptibles d'absorber dans le domaine visible et donc prennent part à la coloration du matériau. L'absorption de "queue de bande" dans le domaine visible des lignines ne peut expliquer, à elle-seule, la coloration et surtout la diversité des couleurs naturelles des différentes essences de bois (FIG. 1.5). Dans un arbre, c'est la partie centrale qui correspond au bois de cœur qui est la plus colorée et qui définit la

13

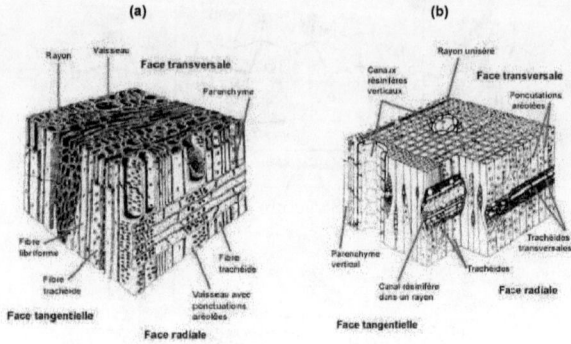

FIG. **1.4** – Anatomie du bois : comparaison des plans ligneux (a) feuillus, (b) résineux

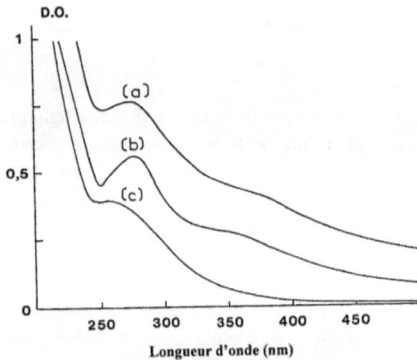

FIG. **1.5** – Spectres de réflexion UV-visible (a) bois ; (b) lignines ; (c) cellulose

couleur d'un bois. Ce sont les substances formées lors de la duraminisation et issues du métabolisme phénolique qui contribuent le plus à la couleur du bois et assurent la diversité des aspects colorés des différentes essences. Ces composés colorés déposés dans les parois des fibres, des vaisseaux et des rayons ligneux sont solubles dans l'eau ou dans des solvants organiques et sont communément appelés substances extractibles. La formation des composés phénoliques dépend étroitement des événements physiologiques qui se déroulent dans l'arbre de telle sorte que la teneur en substances extractibles est la résultante de nombreux phénomènes tels que la biosynthèse, la conversion ou la dégradation. La couleur d'un bois et donc la nature et la concentration des chromophores susceptibles d'absorber la lumière UV-visible est liée à la composition phénolique qui varie qualitativement et quantitativement en fonction du stade de développement de l'arbre et dépend notamment de la transformation de l'aubier en duramen. De ce fait, la couleur du bois présente une très grande variabilité même au sein d'une même essence.

Le retrait et le gonflement du bois
Le bois se rétracte lorsque son humidité diminue et gonfle lorsqu'elle augmente. Des cycles de retrait et gonflement répétés risquent de craqueler la finition. Au cours du séchage, aucun retrait significatif n'est observé jusqu'au point de saturation des fibres qui se situe environ à un taux de 30% d'humidité. Sous le point de saturation des fibres, le bois présente des phénomènes de retrait. Le taux d'humidité du bois au moment de l'application doit être aussi proche que possible du taux d'équilibre hygroscopique du bois en service normal. Il doit être atteint dès le début du circuit de fabrication et pas seulement à l'entrée de l'atelier de finition. Un taux d'humidité élevé, supérieur à 20%, entraîne un relèvement des fibres et par conséquent un peluchage des surfaces qui conduira à une finition rugueuse malgré le ponçage. Le bois étant un matériau anisotrope, les variations dimensionnelles ne sont pas identiques dans toutes les directions de l'espace : elles sont importantes dans le sens longitudinal. L'orientation du fil du bois en surface des pièces joue un rôle important sur la durabilité des finitions. Le schéma ci-dessous (FIG. 1.6) situe les différents débits et visualise les déformations résultant du séchage. Un revêtement sera plus sollicité sur un élément débité sur dosse pour lequel le retrait et les déformations sont importants que sur un élément débité sur quartier.

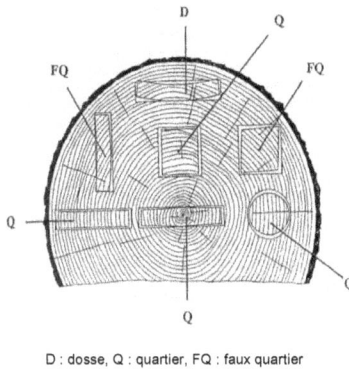

D : dosse, Q : quartier, FQ : faux quartier

FIG. 1.6 – Variations dimensionnelles du bois associées aux différents modes de débit

En outre les phénomènes de retrait qui ne manqueront pas de se produire créeront des désaffleurages, des gauchissements, des ouvertures d'assemblages, etc. L'adhésion de la finition sera de mauvaise qualité et un voile blanc (blushing) risque d'apparaître, en particulier en menuiseries d'agencement. A l'opposé, une humidité trop faible peut entraîner un gonflement du bois lors des reprises d'humidité et ainsi provoquer des microfissures du feuil. Dans le tableau TAB. 1.1, sont récapitulées les valeurs d'humidité moyenne d'équilibre en fonction des applications.

TAB. **1.1** – L'humidité d'équilibre du bois en fonction de son utilisation .

Emplois	Humidité moyenne d'équilibre (%)
Menuiseries intérieures	10 à 12
Menuiseries extérieures	14 à 18
Mobilier	8 à 10
Parquets traditionnels	8 à 18
Parquets contrecollés	8 à 14

Les nœuds et les singularités du bois

Les nœuds et les défauts tels que les fentes ou les piqûres d'insectes entraînent un mauvais comportement d'une finition. Apparaissant le plus souvent sous la forme de zones de bois de bout, les nuds absorbent une quantité plus élevée de produit que le bois de fil et entraînent un aspect hétérogène du revêtement. Leur présence compromet le bon comportement de la finition.

La densité et la dureté du bois

La densité est une donnée fondamentale en ce qui concerne le comportement en service et les caractéristiques d'usinage et de finition du bois. Les limites des classes généralement adoptées pour la densité à 12% d'humidité du bois sont les suivantes :

d12 : 0,65 à 0,85 : Bois lourds et durs

d12 : 0,55 à 0,64 : Bois mi-lourds et mi-durs

d12 : 0,40 à 0,54 : Bois légers et tendres

1.1.2   Finition pour le bois : Notions de base

Ultime étape dans l'élaboration des produits d'ameublement, la finition constitue une opération déterminante tant sur le plan technique que sur le plan commercial. En effet, si les travaux de finition ont pour but premier d'améliorer la résistance du bois face aux principales agressions (poussières, liquides, lumière, variations climatiques), les aspects esthétiques qui en résultent n'en constituent pas moins un facteur déterminant de la vente. La finition constitue dès lors une étape particulièrement cruciale du processus de production devant intégrer les exigences techniques liées aux matériaux et les exigences esthétiques résultant de l'évolution des goûts des consommateurs. Toutefois, il est indispensable de connaître les technologies mises en œuvre afin d'améliorer la qualité des finitions et la durabilité du support et de la finition.

Les produits de finition sont toujours des mélanges dans lesquels chaque constituant remplit une fonction spécifique. De façon à obtenir le produit le mieux adapté à la finition recherchée, le rôle du formulateur consiste à optimiser le dosage de chacun des composants suivants : liants, pigments, solvants, charges, additifs . . .

1.1.2.1 Les liants

Les liants sont des produits de nature macromoléculaire avec des caractéristiques filmogènes qui adhèrent à la surface de l'objet fini. La nature des liants détermine l'appartenance à une famille de lasures, de vernis ou de peintures, ainsi que la nature des solvants et diluants qui leur sont compatibles. Les liants peuvent être des résines naturelles ou de synthèse (Tab. 1.2)

TAB. 1.2 – Principaux liants

Nature du liant	Particularités	Remarques/emplois
huiles	Trois catégories selon le niveau d'oxydation : - Huiles siccatives (les plus oxydables), - Huiles semi-siccatives, - Huiles non siccatives (non oxydables) La plupart d'entre elles sont d'origine végétale (huile de Lin, de teck, de soja)	Peu utilisées aujourd'hui du fait de la lenteur de leur séchage et de leur tenue insuffisante aux agressions atmosphériques.
Alkydes (glycérophtaliques)	Résultent de la réaction chimique à chaud (180 à 250°C) de trois éléments : - Des huiles siccatives ou semi-siccatives, - Des polyalcools (glycérol, pentaérythrite) - Des polyacides (anhydrides phatique)	
Alkydes-uréthanes	Mélanges de résines Alkydes et d'huiles uréthane.	bâtiment
Aminoplastes	Mélamine, mélamine-formol et urée-formol. Dérivés de la carbochimie Deux familles : - les produits à catalyse acide (bicomposants) - les précatalysés (monocomposants)	ameublement
Acryliques	Thermoplastiques ou thermodurcissables. Produits de synthèse de la pétrochimie en phase solvant ou en phase aqueuse.	
Vinyliques	Acétates ou polyvinyles modifiés. Entrent dans la composition des peintures en émulsion (phase aqueuse)	
Cellulosiques	Issues de l'estérification incomplète de la cellulose et de l'acide nitrique.	Ne peuvent être utilisés qu'en intérieur
Polyuréthanes	Résultent de la réaction chimique entre des composés hydroxyles libres (composant de base) et des isocyanates (durcisseur).	Ameublement - agencement
		Suite page suivante ...

suite		
Nature du liant	Particularités	Remarques/emplois
Epoxy	Polymères dérivés de la pétrochimie. Utilisées en combinaison avec des polyamines ou des isocyanates pour durcir à l'air ambiant.	

Les liants doivent avoir les caractéristiques suivantes :
Brillance
Dureté superficielle
Résistance aux agents atmosphériques
Insolubilité
Adhérence sur le support
Vitesse de séchage
Transparence
Souplesse
Résistance à l'abrasion ...

1.1.2.2 Les pigments

Ce sont des poudres colorantes, solubles ou insolubles dans des solvants ou des liants, qui confèrent au film la couleur et le pouvoir couvrant recherchés. Les pigments peuvent être : Organiques : ce sont les plus chers. Ils ont un meilleur pouvoir colorant et une structure chimique particulièrement complexe (sels complexes de cuivre, chrome, bismuth, cadmium). Minéraux : ce sont les plus courants et adaptés pour la fabrication des laques ; étant insolubles, ils sont broyés (oxyde de titane, oxyde de zinc, oxyde de fer, lithopone...).

Les caractéristiques les plus importantes des pigments et des colorants sont :
- Stabilité à la lumière (rayons ultra violet)
- Pouvoir colorant
- Pouvoir couvrant ou opacifiant
- Non solubilité.

1.1.2.3 Les solvants

Ce sont des substances chimiques qui rentrent dans la formulation du produit de finition mais qui ne restent pas comme élément constituant le film, ils s'évaporent après application. Leur fonction est celle de maintenir en solution le liant, sans en altérer la nature chimique, pour rendre possible l'application (TAB. 1.3).

Certains solvants ont le pouvoir de dissoudre des résines et les liants employés, d'autres peuvent amener le produit à sa juste viscosité d'application pour une parfaite tension du film, etc. Le choix correct du mélange des solvants et des diluants est l'élément fondamental pour obtenir le résultat optimum.

Remarque :

les effluents gazeux au cours du séchage sont susceptibles de présenter des risques (incendie, intoxication et surtout pollution). La nécessité de réduire les émissions de composés organiques volatils (COV) conduit à préférer, lorsque c'est possible, l'emploi de produits en phase aqueuse, de formulations à taux d'extrait sec élevé ou des produits sans solvant.

1.1.2.4 Les charges

Substances de provenance minérale et normalement inorganiques (kaolin, carbonate de calcium, sulfate de baryum, talc, silice), les charges sont utilisées pour conférer des propriétés physiques déterminées (résistance aux agents extérieurs, dureté du film, ponçage) et pour diminuer le coût des produits de finition en remplacement d'une partie des pigments. Elles sont très rarement utilisées dans des produits transparents mais extrêmement employées dans les produits pigmentés.

1.1.2.5 Les additifs

Il s'agit de substances chimiques qui s'ajoutent au vernis pour améliorer certaines caractéristiques (TAB. 1.4).

1.1.3   Tendances actuelles pour les produits de finition bois

Le challenge des formulateurs de produits de finition actuellement est de proposer des sytèmes qui en plus d'apporter une bonne protection à un substrat " imprévisible ", de dimensions variables et sujet aux déformations, soient respectueux de l'environnement. La législation tend à se durcir quant à l'émanation de composés organiques volatils COV d'où l'adoption de mesures appropriées capables de réduire les émissions de vapeurs de solvants et rendre les produits de finition plus compatibles avec la protection de l'environnement. Trois voies sont envisageables pour réduire les émissions de solvants :

1. les produits à haut extrait sec, dit " high-solids " (c.a.d. à faible teneur en solvants, extrait sec superior à 70 ou parfois à 80% en poids)

2. les produits dans lesquels les solvants organiques sont remplacés par de l'eau " l'eau se comporte comme solvant du liant ou bien, " l'eau se comporte comme phase

TAB. 1.3 – Principales familles des solvants utilisés dans les finitions

Famille chimique	Molécule
Hydrocarbures aliphatiques	Hexanes, white spirit, essences
Hydrocarbures aromatiques	Toluène, xylène, styrène
Esters	Acétate d'éthyle, de butyle, d'isopropyle
Alcools	Méthylique, éthylique, butyliques
Cétones	Acétones, méthylethylcétone (MEK), méthylisobutylcétone (MIBK)
Ethers-glycols	Ethylglycol, butylglycol
Esters de glycols	Acétate de méthylglycol, acétate d'éthylglycol, acétate de butylglycol

dispersante pour un liant en émulsion

      3. les produits sans solvants qui se classent en 3 catégories :

◇ systèmes bi composants,

◇ produits durcissant sous l'effet d'un rayonnement,

◇ peinture en poudre.

Le tableau suivant (TAB. 1.5) présente une comparaison des systèmes à faible teneur en solvants avec une laque classique à base de solvants, tant du point de vue technique que de celui de quelques critères relatifs à l'environnement et aux matières premières (appréciation : ++ très bon, −insuffisant).

Il ressort de ce tableau que les laques classiques à base de solvants sont les plus répandues et les mieux documentées. Avec les peintures en poudre et les systèmes durcissant par irradiation, les appréciations positives et négatives sont particulièrement extrêmes : c'est le cas typique des techniques qui ne peuvent pas être utilisées de manière universelle, mais qui donnent de très bons résultats dans bon nombre de domaines par rapport aux produits classiques. Malheureusement, beaucoup de problèmes techniques se posent pour les peintures poudre pour le bois. Si on considère les produits liquides, ce sont les peintures à l'eau et les peintures à extrait sec élevé qui se rapprochent le plus des peintures à base de solvants : elles offrent des avantages en matière d'environnement, de consommation de matières premières et d'énergie mais présentent aussi des points faibles par rapport aux exigences courantes.

1.1.4 Impact du substrat bois

Certains bois, du fait de leur nature chimique n'acceptent pas toutes les finitions : bois acides, bois gras, bois à tannins ou à extraits colorés, bois fortement résineux ou bois

TAB. **1.4** – Liste des additifs utilisés dans les finitions

Type d'additif	Caractéristiques
Siccatifs	Servent à accélérer le durcissement du film des produits vernissants qui contiennent des huiles végétales ou modifiées (naphtenate de plomb, de cobalt,...)
Anti-peau	Antioxydants pour éviter la formation de la peau superficielle dans le bidon de finition
Accélérateurs	Solutions d'amines ou de sels métalliques qui accélèrent la réaction de polymérisation
Agents de tension	Solutions d'huiles de silicone spécifiques pour améliorer les caractéristiques du film
Agents mouillants et dispersants	Ils empêchent la sédimentation des pigments et des charges pendant le stockage
Inhibiteurs	Ils empêchent le phénomène de polymérisation durant le stockage
Filtres UV	Sujet de cette étude

Tab. 1.5 – Comparaison des systèmes de peinture [Dören et al, 1996]

	Peinture à l'eau	Peinture en poudre	Peinture à extrait sec élevé	Peinture durcissant par irradiation	Peinture à solvants
Environnement	+	++	0/+	++	--
Pigmentation	0	-	+	-	++
Texture	0	-	+	-	++
Application	+	0	+	0	++
Réactivité	0/-	-	-	+	++
Emploi de matières premières	+	++	0	0	-
Investissement	0	-	+	--	+

contenant des antioxydants.

1.1.4.1 Bois acides

Les bois sont plus ou moins acides. Cette acidité peut être la cause de deux phénomènes. Tout d'abord ces bois ont tendance à accélérer le durcissement de certains produits de finition, comme les résines acryliques ou les produits à catalyse acide (aminoplastes), ce qui se traduit par une médiocre qualité du film. De plus, ces bois corrodent les pièces en métaux ferreux (pointes, clous ...) avec lesquelles ils sont en contact et provoquent des taches de rouille. L'acidité est caractérisée par le pH, qui est d'autant plus faible que l'acidité est élevée. On considère comme acides les essences ayant un pH inférieur ou égal à 4. Le chêne, le châtaigner, le pin Douglas, le pin de l'Orégon (pH de 3 à 4) et le western red cedar (pH entre 2.5 et 3) sont des essences acides.

1.1.4.2 Bois à tannins ou à extraits colorés

Certains bois contiennent naturellement des tannins, comme le chêne et le châtaigner (jusqu'à 10%). Une humidification abondante de ces essences utilisées en extérieur provoque des coulures de tannins. Ceux-ci réagissent avec les éléments en métaux ferreux au contact du bois et occasionnent des tâches noires.

1.1.4.3 Bois fortement résineux

Certains bois contiennent de la résine, notamment sous forme de poches de résines. C'est le cas de bois tels que le pin maritime, le pin sylvestre, le pitchpin, l'épicéa et dans une moindre mesure, le sapin et le mélèze. Lorsque ces bois sont exposés au soleil ou à la chaleur, ils peuvent être le siège d'exsudations de résine, plus ou moins importantes selon l'essence et la couleur du revêtement employé.

1.1.4.4 Bois gras

Les bois contenant des constituants gras peuvent être sujets à des remontées de matières grasses qui réduisent, voire empêchent, l'adhérence de la finition. Dans ce cas, il faut effectuer la finition aussitôt après le ponçage ou, si cela est possible, utiliser le bois sans finition. Parfois, un nettoyage au solvant cellulosique ou naphta peut suffire. Les principaux bois à constituants gras sont le doussié, le merbau, le teck (souvent utilisé huilé), et le ningon (notamment le ningon en provenance du Gabon, appelé aussi ogoué).

1.1.5 Exemples

1.1.5.1 Essences du bois

Les principales caractéristiques et propriétés des essences que nous avons utilisées dans cette étude (le sapin, le tauari et le chêne) sont données en annexe.

1.1.5.2 Résines pour la finition du bois

Vu les considérations environnementales que nous avons décrites, nous avons adopté la deuxième solution décrite pour la réduction des émissions des COV : produits en phase aqueuse. Nous présentons ci-après la description de deux types de résines à l'eau que nous avons utilisées dans cette étude : les résines acryliques et polyuréthanes.

■ Les résines acryliques

Les résines acryliques sont très employées dans les finitions et particulièrement celles de l'industrie du bois car elles ne s'hydrolysent pas aisément ce qui permet leur utilisation à l'extérieur [Green, 1995]. Les résines acryliques en phase aqueuse présentent l'avantage par rapport à celles en phase solvant, de réduire les émissions de COV de 80% et de posséder une meilleure reflectivité. Néanmoins la durée de séchage allongée et les coûts d'investissement en équipement pour ces résines sont problématiques [Dilorenzo, 1994].

Les résines acryliques sont préparées à partir de la polymérisation des acides acryliques et méthacryliques ou leurs esters correspondants (FIG. 1.7)

■ Les résines polyuréthanes

Les résines polyuréthanes sont formées à partir de la réaction d'un isocyanate sur des composés comportant un hydrogène actif. La formation des groupes uréthanes est présentée sur la figure FIG. 1.8. L'amélioration de la durabilité extérieure des résines polyuréthanes en phase aqueuse est une priorité de la recherche et du développement. Une méthode pour parvenir à cet objectif est le développement de systèmes polyuréthanes à deux composants qui Soit combinent une dispersion aqueuse d'un composant isocyanate aliphatique avec des fonctions hydroxyles d'une émulsion acrylique [Renk et Swartz, 1995], Soit consistent en des dispersions de polyuréthanes fonctionnels de bas poids moléculaire qui réticulent aisément avec une résine mélamine formaldéhyde [Tramontano et Blank, 1995].

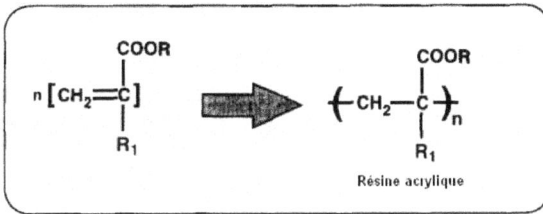

où,

R = H;   R₁ = H   Poly(acrylate)

R = H;   R₁ = CH₃   Poly(méthacrylate)

R = CH₃ ; R₁ = CH₃   Poly(méthyl-méthacrylate)

Fig. 1.7 – Résines acryliques typiques

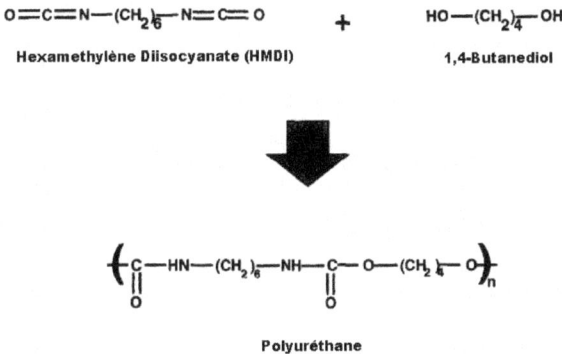

Fig. 1.8 – Formation de polyuréthane résultant de la réaction d'un isocyanate avec un composé contenant une fonction hydroxyle [Weiss, 1997]

1.2   Vieillissement des systèmes bois/finition

D'une façon générale, on appelle vieillissement toute altération lente et irréversible d'une ou plusieurs propriétés d'un matériau résultant de sa propre instabilité et/ou des effets des contraintes physicochimiques de l'environnement (eau, lumière, oxygène, température, pollution,...). Le vieillissement d'un matériau résulte d'une séquence complexe de réactions pour lesquelles de nombreux processus élémentaires sont souvent liés par un réseau d'interactions. Le processus général de vieillissement des systèmes bois-finition

23

a été décrit par Sell et Feist (FIG. 1.9). Le bois brut ou recouvert d'une finition, en

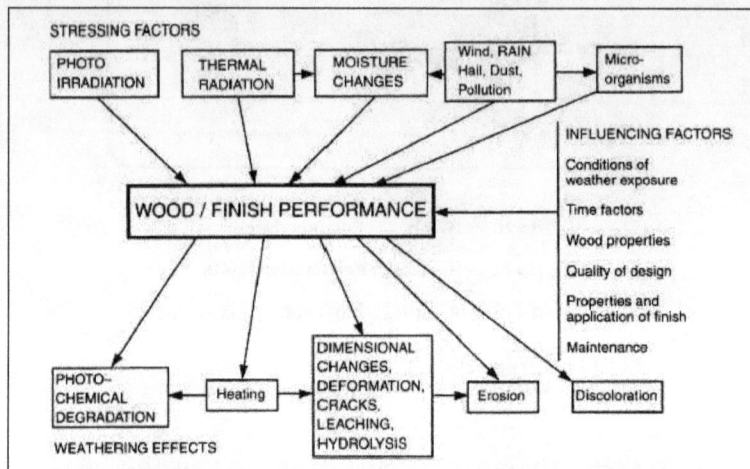

FIG. 1.9 – Schéma illustrant le processus de vieillissement des systèmes bois-finition [Sell et Feist, 1986]

service à l'extérieur ou même à l'intérieur, est soumis à différents facteurs de stress (photoirradiation, radiation thermique, impact mécanique, variation de température, présence d'humidité et de micro-organismes, polluants atmosphériques, etc.). Ces facteurs peuvent affecter la durabilité et causer le vieillissement du matériau qui se manifeste par la dégradation photochimique, la perte de l'intégrité de la surface (craquelage, écaillage, érosion) et la discoloration. Le type et l'intensité de la dégradation sont fortement influencés par des facteurs comme le temps et les conditions d'exposition durant le vieillissement, les propriétés du bois, la qualité du design de la structure bois, les propriétés physiques et chimiques de la finition elle-même incluant les additifs de stabilisation, la méthode d'application, l'épaisseur du film, la couleur de la finition...

1.2.1 Facteurs de la photodégradation

Les processus de vieillissement et de photostabilisation du bois et des systèmes bois-finitions ont été l'objet de nombreuses études et les mécanismes généraux sont relativement connus. Des recherches bibliographiques sur les connaissances récentes en ce domaine ont été résumées par H. Zweifel (1997), J. Pospisil et al (2000), M. de Meijer (2001) et B. George et al (2004).

Souvent, les modifications structurales du bois lors de la dégradation photochimique sont étudiées par spectroscopie UV-visible et Infrarouge à transformée de Fourier (FTIR), les espèces générées lors de l'exposition sont suivies par résonance paramagnétique électroniques (RPE) et les changements microstructuraux sont examinés par microscopie électronique à balayage (MEB).

1.2.1.1 La Lumière UV

Le spectre de la lumière solaire arrivant à la surface de la terre est continu dans l'intervalle de longueurs d'onde comprises entre 290 et 1400 nm avec un maximum dans le visible autour de 500 nm (FIG. 1.10). Les rayonnements UV de longueurs d'onde inférieures à 175 nm émis par le soleil sont absorbés et réfléchis par l'oxygène alors que les rayonnements compris entre 175 et 290 nm sont absorbés par l'ozone. Les nuages ont également un rôle de filtre vis à vis du rayonnement infrarouge en ne laissant passer que les longueurs d'onde inférieures à 1400 nm. L'énergie électromagnétique émise par le soleil et qui peut atteindre la surface terrestre peut être divisée approximativement en 5% UV (290-400nm), 45% visible (400-760nm) et 50% infrarouge (760-2400nm).

Les UV qui ne représentent qu'une faible partie du rayonnement solaire s'avèrent plus destructifs que les rayonnements visible et infrarouge du fait de leur plus grande énergie. La Commission Internationale de l'Eclairage (CIE) définit trois zones spectrales dans le domaine ultraviolet : UV-A, UV-B, UV-C (TAB. 1.6).

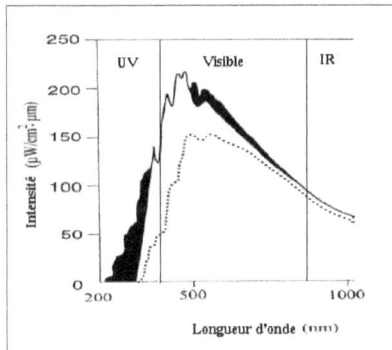

FIG. 1.10 – Le spectre d'émission solaire. (la surface noire est filtrée par la couche d'ozone et la ligne pointillée représente l'intensité de lumière distribuée à la surface terrestre)

La plupart des processus photochimiques conduisant à la photodégradation des matériaux ont pour origine l'absorption des photons du domaine proche UV situé entre 290 et 400 nm. Cette zone spectrale est soumise à de fortes variations d'intensité selon la latitude, l'altitude, la pollution atmosphérique, la saison. Ainsi en hiver, l'intensité du rayonnement UV est plus faible qu'en été. Si le rayonnement UV est responsable de la plupart des altérations de surface, la lumière visible apporte également sa contribution à la photodégradation des matériaux colorés comme le bois. Ce point revêt une importance particulière dans le cas où une finition transparente est appliquée. L'interface sera sensible à la photodégradation aboutissant à une faible pérennité de l'aspect coloré initial du bois.

25

TAB. 1.6 – Propriétés des rayonnements UV-A, UV-B et UV-C [Grosman, 1990]

Bande UV	Propriétés
UV - A 400-315 nm	Responsables de quelques dégradations des polymères. Sont transmis par les vitres. Interviennent dans les expositions intérieures.
UV - B 315-280 nm	Responsables de la plupart des dégradations des polymères. Longueurs d'onde les plus basses rencontrées dans le spectre solaire atteignant la terre.
UV - C Sous 280 nm	N'atteignent pas la surface terrestre. Causent des dégradations qui ne sont pas rencontrées en vieillissement climatique.

Par ailleurs, l'exposition de ces matériaux aux radiations UV provoque la formation de radicaux libres qui vont réagir avec les chaînes de polymère et l'oxygène présent d'où une photooxydation. Ainsi, les radiations lumineuses, et surtout la lumière UV amorcent le processus de vieillissement.

En effet, d'après la première loi de la photochimie, les changements photochimiques induits sont effectifs après absorption de photon qui conduit à des états excités. Chaque photon absorbé active une macromolécule ou chromophore (Ch) dans leur état fondamental S0 (tous les électrons ont des spins appariés). Ainsi, des états singulets excités (Si) sont générés. Des états triplets T1 sont alors formés à partir de S0 par absorption de lumière ou à partir de S1 par conversion intersystème (CIS). S1 et T1 sont tous les deux les espèces qui induisent le processus photophysique ou photochimique de la photodégradation des polymères. Ceci fait la différence entre la photodégradation et l'oxydation thermique qui se produit à partir de l'état fondamental S0. Ce processus est dépendant de la nature de liaison, de l'énergie de dissociation et du seuil de longueur d'onde en dessous duquel la liaison casse.

Le tableau suivant (TAB. 1.7)donne l'énergie de dissociation nécessaire et le seuil de longueur d'onde en dessous duquel la liaison correspondante casse [Grossman,1990].

TAB. 1.7 – Seuil de longueur d'onde UV pour rupture de diverses liaisons [Grosman, 1990]

Liaison	Energie de dissociation (Kcal/gmol)	Seuil de long. d'onde en dessous duqeul la liaison casse (nm)
C-N	72,8	392,7
C-Cl	81,0	353,0
C-C	82,6	346,1
S-H	83,0	344,5
N-H	85	336,4
C-O	85,5	334,4
C-H	98,7	289,7

Ainsi, le principal effet de la lumière UV est la formation de radicaux libres qui réagissent ensuite avec la matrice organique provoquant des réactions de dégradation en chaîne. Plusieurs matériaux organiques naturels ou synthétiques sont concernés par ces dommages : peau, bois, papiers, vernis, lasures, plastiques, textiles... Nous nous intéressons plus particulièrement au bois et aux finitions, objets de notre travail.

1.2.1.2 L'oxygène

Les polymères naturels comme le bois ou synthétiques comme les finitions subissent des réactions avec l'oxygène. Cette oxydation peut entrainer des modifications importantes de leur structure [Zweifel, 1997].

En vieillissement naturel, les polymères exposés le sont toujours en présence d'oxygène. L'oxygène joue un rôle important dans la dégradation du bois [Triboulot, 1993]. Dans le cas du sapin de Vancouver, le jaunissement est d'autant plus intense que l'atmosphère est riche en oxygène. Pour le chêne, l'assombrissement initial n'est pas sensible à la présence d'oxygène, mais l'éclaircissement n'a lieu qu'en sa présence. Concernant le bois verni, des expériences ont montré qu'il n'y avait pas de photooxydation du bois mais simplement une photolyse sous irradiation d'une lampe à vapeur de mercure émettant au dessus de 290nm [Gaillard, 1984]. Ceci prouve que le vernis sert de barrière à l'oxygène et qu'il n'y a pas le même type de réaction dans le bois avec ou sans finition. Cependant, les échantillons de bois verni ne sont pas altérés jusqu'à production de craquelures ou de fissures pouvant laisser passer l'oxygène.

L'imperméabilité à l'oxygène de la finition et plus généralement du polymère est donc à prendre en compte. Elle est totale dans les parties cristallines, élevée dans les parties vitreuses et faibles dans les zones caoutchoutiques [Podgorski, 1993]. A température élevée et plus particulièrement lorsque la température de surface de la couche de finition est supérieure à sa température de transition vitreuse T_g, les risques d'oxydation de la finition et du bois sont donc accrus.

Réactions d'oxydation

Les réactions d'oxydation sont reconnues comme ayant une extrême importance dans le vieillissement des polymères [Podgorski, 1993 ; Verdu]. Les processus d'oxydation sont des processus radicalaires en chaîne que l'on retrouve généralement dans les couches superficielles des polymères en contact avec l'oxygène. Cependant, en présence de couches minces telles que les lasures, l'oxydation prend une plus grande importance.

Le schéma mécanistique standard est décrit ci-dessus : Dans le cas de vieillissement naturel de systèmes bois-finition, l'amorçage (Réaction 1.1) peut se faire par voies : Thermique : thermolyse des liaisons les plus faibles du matériau. Photochimique : photolyse des espèces photoréactives (chromophores phénoliques de lignines dans le cas du bois). La réaction de propagation (Réaction 1.2) est extrêmement rapide et ne va pas contrôler la cinétique globale d'oxydation sauf si l'oxygène fait défaut, ce qui peut être le cas du bois ou des sous-couches de finition dans un système bois-finition. La réaction 1.3 va donc souvent gouverner la vitesse de propagation du processus. Il s'agit d'un arrachement d'un atome d'hydrogène sur le polymère. Des mécanismes de terminaison (Réaction 1.4) variés sont possibles (Réaction 1.5 à Réaction 1.8). :

Amorçage

$$Polymère\ ou\ impureté \rightarrow P^\bullet\ (radicaux)$$ (Réaction 1.1)

Propagation

$$P^\bullet + O_2 \rightarrow PO_2^\bullet$$ (Réaction 1.2)

$$PO_2^\bullet + PH \rightarrow PO_2H + P^\bullet$$ (Réaction 1.3)

Terminaison

$$PO_2^\bullet + PO_2^\bullet \rightarrow produits\ inactifs$$ (Réaction1. 4)

$$PO_2^\bullet + PO_2^\bullet \rightarrow POOOOP\ (structure\ très\ instable)$$ (Réaction 1.5)

$$POOOOP \rightarrow PO^\bullet + PO^\bullet + O_2$$ (Réaction 1.6)

$$PO^\bullet + PO^\bullet \rightarrow POOP\ (combinaison)$$ (Réaction 1.7)

$$P''HO^\bullet + P'O^\bullet \rightarrow P'' = O + P' - OH\ (dismutation)$$ (Réaction 1.8)

Les réactions d'oxydation peuvent donc former des espèces réputées instables comme les peroxydes POOP et surtout les hydroperoxydes POOH. Les hydroperoxydes en présence d'énergie photonique sont en effet capables de former des radicaux alkoxyles et hydroxyles (Réaction 1.9) : Ces radicaux peuvent par la suite réamorcer des réactions en

$$POOH \xrightarrow{\ h\vartheta\ } PO^\bullet + OH^\bullet$$ (Réaction 1.9)

chaîne qui entretiennent la cinétique de photooxydation. Comme on l'a vu dans le paragraphe précédent, l'imperméabilité du système bois-finition à l'oxygène est à prendre en compte. Si la quantité d'oxygène disponible est insuffisante pour que tous les radicaux de la réaction 1.1 réagissent avec lui, alors ces radicaux pourront participer à des réactions de terminaison : soit en réagissant entre eux ou avec des radicaux peroxyles (issus de la réaction 1.2) pour donner des espèces inactives.

1.2.1.3 L'eau

L'effet de l'humidité, toute phase confondue, peut causer des dégradations chimiques ou physiques au cours d'une exposition [Searle, 1984]. La durée et la fréquence des périodes d'humidité, les changements de taux d'humidité de l'air sont à considérer comme des variables du processus de vieillissement.

L'action de l'eau sur les polymères est tout aussi complexe que celle des UV [Grosman, 1990]. L'eau dans son milieu naturel peut affecter le système bois-finition en agissant sous différentes formes. Le système peut être immergé dans l'eau (ce peut être le cas des pieds de poteaux par exemple), soumis au ruissellement d'eau, au dépôt de rosée ou tout simplement interagir avec l'humidité ambiante de l'air.

La pluie n'est pas la source principale d'humidité contrairement aux idées préconçues que nous pourrions avoir mais c'est la condensation.

Pour que de la rosée se dépose à la surface des matériaux, cette dernière doit avoir une température inférieure à celle de l'air ambiant et plus particulièrement inférieure à la température de point de rosée de l'air [Grosman, 1990]. Il est ainsi possible d'avoir des taux d'humidité relative de l'air de 98% sans formation de rosée, le matériau et l'air étant à la même température. Par contre, une humidité de 70% d'un air à 20°C peut entraîner un dépôt de condensation pour une différence de température de 5°C entre air et substrat.

La rosée est aussi reconnue comme étant saturée en oxygène. Elle joue donc le rôle de vecteur d'oxygène en l'amenant en contact étroit avec la surface du matériau.

Cependant, l'action lessivante de l'eau de pluie est essentielle dans le processus de dégradation des systèmes bois-finition. Elle enlève les produits de dégradation solubilisés de la surface du bois, le décolore, enlève les fibres et particules de bois altéré durant son vieillissement et enfin cause son érosion en surface. [Arnold et al, 1991].

Action chimique de l'eau

Au niveau chimique, l'eau sous toutes ses formes peut induire une hydrolyse de la finition [Bauer, 2000]. Ainsi, certains constituants organiques des revêtements risquent d'être hydrolysés selon la réaction 1.10 :

$$-X\text{-}Y + H_2O \rightarrow -X\text{-}OH + HY\text{-} \qquad \text{(Réaction 1.10)}$$

Le groupement -X-Y peut être soit latéral (ce qui est le cas des groupements esters des finitions acryliques ou méthacryliques), soit se trouver dans la chaîne principale de la macromolécule [Podgorski, 1993]. Dans ce dernier cas, nous aurons une coupure de chaîne et donc une perte des propriétés mécaniques. L'analyse spectrophotométrique a permis de démontrer qu'en zone climatique tempérée, les couches d'oxydation apparaissent des mois de Mars à Septembre [Lemaire, 1998]. Ces couches ne sont perturbées par l'hydrolyse ou l'abrasion mécanique de l'eau (érosion) que de Septembre à Mars pendant que les oxydations ne progressent plus. Dans certains cas, l'humidité peut affecter directement la photo-oxydation [Bauer, 2000 ; Scott, 1996]. Par exemple, il a été démontré que pour les finitions acrylique-mélamine, le taux de photo-oxydation augmente lorsque l'humidité relative de l'air augmente à intensité radiante et température constantes.

1.2.1.4 La température

La température et plus particulièrement la température des matériaux considérés est un facteur important dans le processus de dégradation en vieillissement naturel [Scott, 1996]. Ainsi, il n'est pas rare de voir la vitesse du processus de vieillissement grossièrement doublée pour une augmentation de température de 10°C de l'échantillon. Cependant, la température des échantillons n'est généralement pas mesurée en vieillissement naturel. Les données de température qui sont fournies sont celles de l'air ambiant [Bauer, 2000]. La température de surface d'un matériau suit l'équation suivante (1.1) :

$$T_s = T_a + (AI)/H \qquad (1.1)$$

Avec Ts : température de surface du matériau.

Ta : température ambiante de l'air.

A : Absorptivité solaire.

I : Energie solaire totale incidente

H : Conductance thermique de surface (en $W.m^{-1}.K^{-1}$).

Ainsi, en vieillissement climatique, la température de surface des polymères va être influencée par la température de l'air ambiant et par son exposition ou non aux rayons solaires. L'absorptivité solaire est généralement dépendante de la couleur de l'échantillon [Jaques, 2000 ; Scott, 1996] et aussi de sa brillance [Roux et Anquetil, 1994]. Ainsi, deux mêmes matériaux de couleur et brillance différentes pourront avoir des variations de leur température de surface. Nous donnons ci-après l'exemple d'une finition de différentes couleurs appliquée sur du bois et exposée un après-midi d'été face au soleil. Les valeurs de température de surface sont relevées après une heure d'exposition :

- 40°C pour une finition blanche, jaune ou orange.

- De 60 à 70°C pour une finition grise, brune, rouge ou bleue.

- De 70 à 80 °C pour une finition noire ou bleue brillante.

Les teintes plus foncées se comportent donc comme des accumulateurs d'énergie calorifique tandis que les teintes claires auront tendance à réfléchir les rayons solaires et donc à peu contribuer au réchauffement du bois. Par contre en hiver et dans certaines régions, la température de surface peut descendre jusqu'à -25°C. La fréquence des alternances des périodes chaudes et froides entre le jour et la nuit et les écarts de température pouvant aller jusqu'à 100°C soumettent le film à de sévères contraintes thermoplastiques [Podgorski, 1993 ; Roux, 1994].

Influence de la température sur l'évolution physico-chimique des polymères.

La température ambiante de l'air dans lequel les systèmes bois-finition sont soumis va souvent influencer l'évolution de leurs caractéristiques propres. Ainsi, il a été constaté que des échantillons de bois lasuré avec une finition alkyde arrêtaient d'évoluer l'hiver lorsque la température ambiante extérieure devenait inférieure à la température de transition vitreuse du film de finition. Les paramètres suivis étaient la température de transition vitreuse T_g du film ainsi que la force d'arrachement du film sur le bois. Dans les deux cas ces deux paramètres cessaient d'évoluer en hiver, lorsque les températures trop basses par rapport à T_g figeaient le réseau macromoléculaire. Ceci est illustré par la figure FIG. 1.11. Par contre dès le printemps, la température de transition vitreuse du film augmente jusqu'à atteindre un palier vers octobre. En fait, ces résultats mettent en évidence les ré-

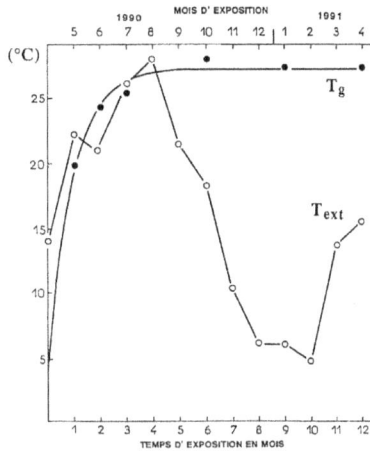

FIG. 1.11 – Relation température de transition vitreuse (T_g) et température extérieure (Text) pour une finition Alkyde sur du Lauan [Podgorski, 1993].

actions de post-réticulation qui se traduisent par une polymérisation et un durcissement du film dès que la température extérieure est supérieure à la température de transition vitreuse du film. D'un point de vue purement chimique, la cinétique des réactions augmente en général avec une élévation de température. Le graphe FIG. 1.11nous donne l'évolution de la couleur de films de finition alkyde-mélamine en fonction de la dose UV reçue et respectivement des températures de l'air ambiant, de corps blanc et de corps noir. On

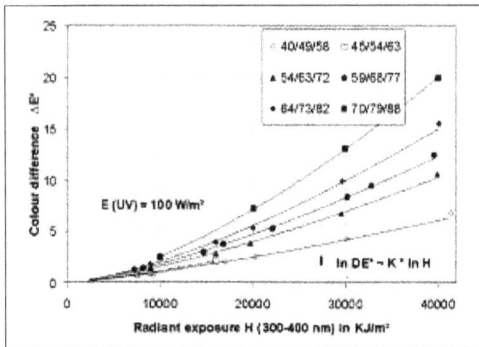

FIG. 1.12 – Variation de couleur totale ΔE en fonction de la dose UV H reçue et de la température (de chambre, de panneau blanc et de panneau).

remarque que la différence de couleur totale des films, qui est un paramètre représentatif de l'évolution photochimique des polymères, augmente d'autant plus rapidement que la température est élevée. En fait, les réactions de photooxydation qui comportent des étapes radicalaires sont activées par une élévation de température [Verdu].

1.2.1.5 L'attaque fongique

Les polymères synthétiques, et particulièrement les polymères réticulés, sont relativement inertes aux dégradations microbiologiques. En effet, les microorganismes ne sont pas capables d'assimiler directement les polymères surtout ceux de haut poids moléculaire qui inhibent la pénétration des enzymes [Pospisil et Nespurek, 2000]. Toutefois, les surfaces de bois couvertes d'une finition peuvent être attaquées par divers types de microorganismes, souvent sous forme de moules, de rouille ou de tâches bleues (FIG. 1.13).

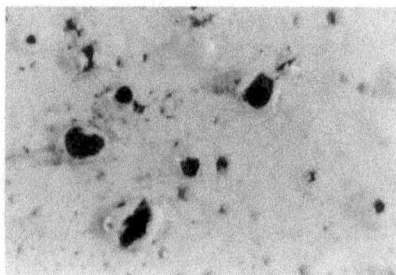

FIG. 1.13 – Exemple d'attaque fongique : Perforation d'un film de finition causée par la tache bleue [Meijer, 2001]

La susceptibilité des finitions du bois à l'attaque fongique est favorisée par l'érosion et les fissures provoquées par la photodégradation. Les résines ayant des molécules hydrolysables comme les polyesters aliphatiques, les polyesters-uréthanes, polyéther-uréthanes et également les méthacrylates sont plus sensibles. La biodétérioration peut être limitée par la réticulation du substrat, l'application de biocides et la prévention de dégradation photochimique.

1.2.2 Mécanismes et aspects de la photodégradation

1.2.2.1 Mécanismes de photodégradation

Mécanismes de photodégradation du bois

Depuis les années 1960, plusieurs chercheurs ont travaillé sur les mécanismes de photodégradation du bois et du papier comme [1] K. Kringstad (1969), G. Gellerstedt (1975), Hon et Feist (1976), Derbyshire (1981), A. Merlin et X. Deglise (1988), Castellan et

---

[1]Cette liste provient des études sur la photodégradation du bois et du papier et qui font référence à ces auteurs.

Vanucci (1988). La plupart des travaux à caractère fondamental sur les composés ligno-cellulosiques ont été menés sur du bois ou extrapolés au matériau lui-même à partir des molécules modèles ou des constituants principaux du bois cités dans le chapitre I (lignines, cellulose, hémicelluloses ...) à l'état isolé. La photodégradation du bois est un phénomène de surface. Bien que la profondeur maximale de pénétration de la lumière dans la finition et la surface extérieure du bois ne dépasse pas 200 μm (75 μm pour la lumière UV et jusqu'à 200 μm pour le visible), les réactions de chaîne impliquent des réactions secondaires pouvant provoquer des dégradations atteignant les 2500 μm [Arnold et al, 1991]. Le processus de photodégradation du bois commence avec l'absorption d'énergie de la fraction UV et visible de la lumière. Contrairement à la cellulose et aux hémicelluloses, les lignines contiennent plusieurs chromophores qui absorbent fortement dans la bande UV, et par suite sont facilement décomposées par photo-oxidation (FIG. 1.14). Cette absorp-

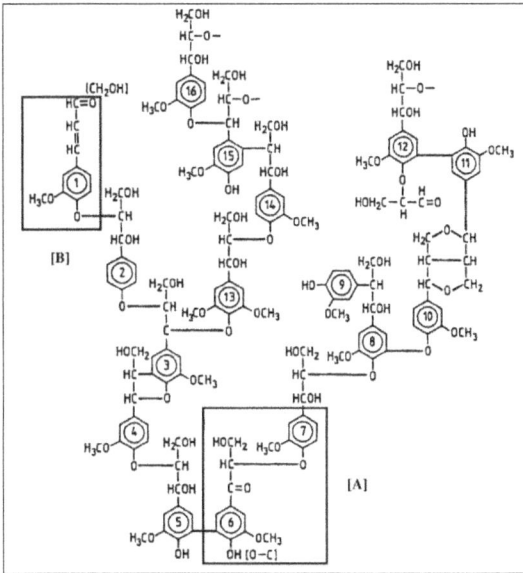

FIG. 1.14 – Modèle de structure de lignines du bois d'un résineux (épicéa) avec chromophores A et B

tion est suivie de la formation de radicaux libres au niveau des groupements phénoliques, les unités - carbonyles ou au niveau des liaisons éther - aryl de la fraction lignines du bois ou la scission des chaînes de cellulose et d'hémicellulose. Le processus continue par la formation de radicaux libres qui causent l'oxydation, la formation de chromophores et la dépolymérisation. La figure ci-dessous (FIG. 1.15) montre la vitesse de formation des radicaux libres sur du pin sylvestre analysé par Résonance Paramagnétique Electronique à une fréquence microonde de 9,78 GHz et à une température de 25±5°C.

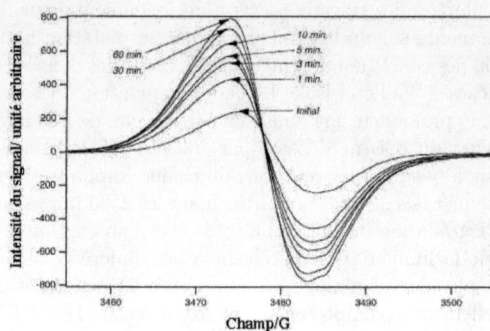

FIG. 1.15 – Spectres RPE obtenus avant et durant la photolyse d'une plaquette de bois de pin sylvestre [P.D. Evans et al., 2002]

Plusieurs études de photolyse de molécules modèles de lignines en spectroscopie Laser rapide ont permis d'établir un modèle des processus photochimiques qui se développent après irradiation UV. L'extrapolation au matériau bois ne peut être qu'un modèle qualitatif. Les voies possibles de la photodégradation des lignines-A du bois ont été rassemblées sur la figure (FIG. 1.16) par B. George et al (2004).

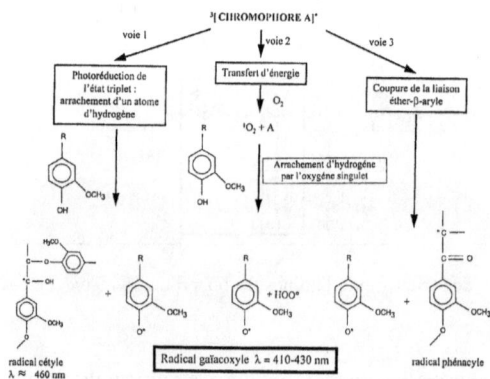

FIG. 1.16 – Les voies de formation des radicaux libres dans les lignines

L'espèce excitée triplet, formée lors de l'irradiation dans le proche UV ($\lambda >300$ nm)

peut se désactiver par les trois voies concurrentes observées sur le chromophore A :

◊ Voie 1 : Photoréduction de l'état triplet par arrachement d'hydrogène sur un motif phénolique des lignines

◊ Voie 2 : Coupure de la liaison βaryl-éther

◊ Voie 3 : transfert d'énergie triplet-triplet sur l'oxygène avec formation d'oxygène singulet capable d'arracher un hydrogène phénolique sur un motif de lignines.

Par ces trois voies de désactivation nous obtenons le même radical Gaiacoxyle qui absorbe dans le visible (410-430 nm)

Mécanismes de photodégradation des finitions

La défaillance des finitions est marquée par quelques signes de dégradation. La réduction de brillance (à cause de l'érosion, jaunissement et rugosité) et l'apparition des craquelures sont considérées comme les premiers signes de la photodégradation. Le phénomène de photodégradation des finitions est le résultat du processus photochimique radicalaire. Ce processus inclut la photooxydation ou la photolyse et l'hydrolyse de la surface à partir des états photoexcités S1 et T1 déjà mentionnés. L'état triplet T1 a une durée de vie 105 fois plus longue que l'état S1 dans la photodégradation et il est davantage lié aux conversions primaires. La formation d'un radical libre P. d'un polymère PH est la caractéristique de l'amorçage de la photodégradation (Réaction 1.1). Ce processus est vaguement défini parce que la plupart des polymères de finition sont plutôt des systèmes complexes qui contiennent des espèces intrinsèques variées. La résistance des résines de finition à la photodégradation est liée à la facilité de formation des espèces radicalaires primaires par abstraction d'hydrogène de la liaison active C-H (formation de radicaux intrachaîne 1) ou rupture des chaînes C-C affaiblies (formation de radicaux terminaux 2).

Dans les atmosphères déficientes en oxygène, les radicaux subissent des auto-réactions par fragmentation et recombinaison. Cependant, en présence d'oxygène, des réactions d'oxydation en chaîne sont déclenchées préférentiellement. Ces réactions impliquent des réactions de propagation et des réactions de terminaison telles que celles décrites précédemment.

Les enchaînements comme $\sim CH2NH\sim$, $\sim CH2O\sim$, $\sim CH2CH=CH\sim$ ou $\sim COCH=CH\sim$ sont sensibles à l'oxydation et participent à la formation des radicaux libres dans les polymères de finition. Rabek (1996) considère particulièrement les hydroperoxydes (ROOH) et les carbonyles (RC=O). Les hydroperoxydes beaucoup plus sensibles à la photodégradation que les carbonyles ont été intensivement étudiés en tant qu'amorceurs dans la polymérisation des polyoléfines et des polystyrènes. Les groupements carbonyle sont photolysés suivant la réaction de Norrish I (Réaction 1.11). Les processus photochimiques

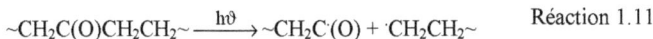

$$\sim CH_2C(O)CH_2CH_2\sim \xrightarrow{h\vartheta} \sim CH_2C^{\cdot}(O) + {}^{\cdot}CH_2CH_2\sim \qquad \text{Réaction 1.11}$$

cités sont irréversibles et interviennent dans les changements des propriétés physiques des finitions (fragilité, changement de couleur, résistance à la traction, craquelage et perte de brillance). En outre, les parties oxygénées comme les liaisons carbonyles et hydroxyles augmentent l'hydrophilie des matrices dégradées.

1.2.2.2 Aspects macroscopiques de la photodégradation

■ Les changements de couleur

Le bois comme le film de finition sont susceptibles de changer de couleur au cours d'une exposition aux différents agents d'altération que sont les rayons lumineux, l'eau, la température et l'oxygène. Pour le bois, la dégradation va demeurer superficielle et se traduire suivant les essences par un grisaillement plus ou moins homogène de la surface [Gaillard, 1984 ; Roux et Anquetil, 1994] ou par un jaunissement. Ce changement de couleur est imputable aux lignines.

La forte proportion de chromophores présents dans la structure du bois limite la pénétration du rayonnement solaire. En utilisant comme écran des coupes microtomées de bois de différentes épaisseurs, il a pu être estimé que le rayonnement UV est entièrement absorbé à partir de 75 μm alors que la lumière visible pénètre jusqu'à 200 μm. Même si des réactions de transfert peuvent induire des altérations plus en profondeur, l'action du rayonnement solaire n'affecte que la surface des échantillons de bois massif de telle sorte que les qualités intrinsèques de l'ensemble du matériau (propriétés mécaniques et physiques) sont globalement peu modifiées par une exposition prolongée à la lumière solaire. Le premier effet du rayonnement solaire est la modification de sa couleur initiale. Cette transformation de l'aspect visuel de la surface du bois est en fait la manifestation d'effets complexes liées à des modifications chimiques et anatomiques de la structure sur des profondeurs variant de 0.05 à 2.5 mm. Cette dégradation s'accompagne de perte de masse pouvant atteindre, selon l'essence de bois, 7 à 10% pour une exposition à l'extérieur de 3 années et par une érosion de surface plus marquée pour le bois de printemps que pour le bois d'été d'où l'apparition d'ondulations de surface.

Les finitions quant à elles semblent tout aussi sensibles aux agents climatiques du point de vue de leur couleur. Les résines alkydes ont ainsi tendance à jaunir et même à rougeoyer [Podgorski, 1993]. Une étude [Boxhammer, 2001] a montré qu'une finition à base alkyde-mélamine voyait son ΔE^*, caractéristique du changement de couleur total dans le repère CIEL*a*b*, atteindre une valeur de 4 au bout d'une centaine d'heures d'irradiation avec des lampes au Xénon émettant un spectre proche de celui du soleil pour une intensité de 100W/m^2 dans le domaine spectral allant de 300 à 400nm. Sachant que l'il humain est sensible à une variation de ΔE de l'ordre de l'unité, cette variation est donc très nettement perceptible. Une autre étude [Lainey, 2002] sur des finitions acrylique et polyuréthane pour bois a montré un jaunissement des finitions seules ou des systèmes bois-finition complets lors de cycles utilisant un appareil de type QUV alternant deux heures d'irradiation avec des lampes UVA340 à une température de 60°C et une demi-heure de condensation à 50°C. Ce jaunissement au bout d'environ 300 heures d'exposition se traduisait par un ΔE^* supérieur à 4 dans tous les cas.

■ Les variations dimensionnelles

Les variations dimensionnelles peuvent affecter à la fois le bois et les finitions. Les deux causes principales de ces variations sont l'adsorption d'eau et les changements de température [Gaillard, 1984 ; Podgorski, 1993]. Dans le cas du film de finition, ses variations dimensionnelles seront imperceptibles à l'il. Cependant le film pourra gonfler sous l'effet de l'eau. La figure FIG. 1.17 résume la pénétration d'un solvant comme l'eau dans un polymère comme une finition. Dans le cas d'une finition bois, nous n'irons jamais jusqu'au stade (3) où le polymère est dissous dans la solution, les finitions actuelles étant prévues pour résister à de tels problèmes.

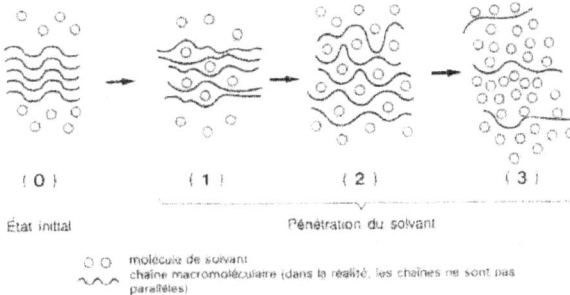

FIG. 1.17 – Schématisation de la pénétration d'un solvant dans un polymère.

C'est le bois qui va présenter le plus de sensibilité aux phénomènes de gonflement, celui-ci étant un matériau hygroscopique. Lorsque l'eau occupe tout le volume libre du bois et commence à remplir le volume des parois cellulaires, le bois commence à gonfler. Il suffira d'une amorce de rupture du film de finition, des assemblages à joints ouverts ou de feuillures à verre mal drainées pour que l'eau pénètre dans le bois sous le feuil amplifiant ainsi les phénomènes de gonflement [Roux et Anquetil, 1994]. La conception de la menuiserie aura donc une importance capitale sur la pénétration de l'eau et sur ses conséquences. Toutes les solutions qui permettront à l'eau de s'évacuer rapidement contribueront à l'augmentation de durée de vie des systèmes bois-finition. On comprend aussi qu'il sera important de rechercher des finitions ayant une bonne élasticité pour pouvoir suivre les variations dimensionnelles du bois.

■ **Le cloquage des films de finition**

Le boursouflage ou cloquage est un défaut courant qui apparaît en surface des systèmes bois-finition. Il se traduit par un décollement du film pour former une véritable bulle de finition qui peut parfois atteindre plusieurs millimètres de diamètre et se rompre. Une étude menée sur des finitions polyuréthane utilisées dans l'aviation a permis de suggérer le processus de formation des cloques [Yang et Vang, 2001] : Les radiations solaires et en particulier UV fournissent l'énergie amorçant la dégradation de la finition. En présence d'oxygène et d'eau, des produits d'oxydation sont formés dans la finition et principalement près de la surface de la finition. Lors des périodes humides, ces produits de dégradation pénètrent en profondeur de la finition avec l'eau et ne peuvent plus en ressortir durant les périodes sèches. Les alternances de sécheresse et d'humidité créent donc une augmentation de la concentration en produits solubles au sein de la finition qui se traduit par une différence de pression osmotique avec la surface du film. Ainsi de l'eau va être absorbée en plus par ces cellules osmotiques qui vont continuer de croître sous la surface du film pour finalement former des cloques. Dans ce cas, cette étude a mis en évidence un phénomène de surface indépendant de l'épaisseur des couches de finition et du substrat.

Dans le cas des finitions appliquées sur le bois, on peut observer des cloques se traduisant par un décollement soit entre le revêtement de surface et les sous-couches, soit entre le système de finition entier et le bois.

Dans ce dernier cas, l'eau aura soit traversé le film et atteint la surface du bois soit été pompée par le bois par un endroit peu ou mal protégé (bois de bout par exemple), pour ensuite être piégée en surface par le film de finition. L'eau entre le bois et le feuil peut alors dissoudre les substances solubles et créer un système osmotique où le revêtement fait office de membrane [Grossman, 1990 ; Podgorski, 1993]. La figure suivante (FIG. 1.18) résume ce système :

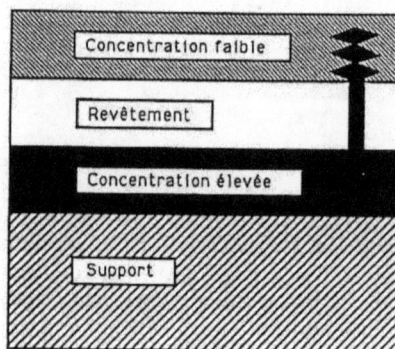

FIG. **1.18** – Etablissement d'un système osmotique.

■ **Le craquelage, la fissuration, la perte d'adhérence et l'écaillage**

La fissuration ou le craquelage sont des phénomènes d'endommagement sous contrainte des polymères en général [Verdu]. Si le niveau de contrainte est suffisamment élevé, on pourra observer un réseau de fines craquelures (crazes en anglais), perpendiculaires à la direction d'application de la contrainte.

Des observations par microscopie électronique ont permis de détailler la structure des craquelures comme nous le montre la figure qui suit (FIG. 1.19).

Il s'agit en fait d'une sorte de fissure dont les lèvres sont reliées par des fibrilles possédant une très forte orientation macromoléculaire. Ultérieurement, les fibrilles peuvent se rompre (les chaînes étirées se désolidarisent des lèvres par désenchevêtrement) et nous sommes alors en présence d'une véritable fissure. Dans le cas d'une finition sur bois, les craquelures et fissures peuvent progresser de la surface du feuil jusqu'en surface du bois, créant ainsi une porte ouverte au passage de l'eau jusqu'au bois. Selon la norme ISO4628/4, le craquelage peut ou non présenter de direction préférentielle, par exemple dans le sens du fil du bois (FIG. 1.20). A gauche : craquelage ne présentant pas de direction

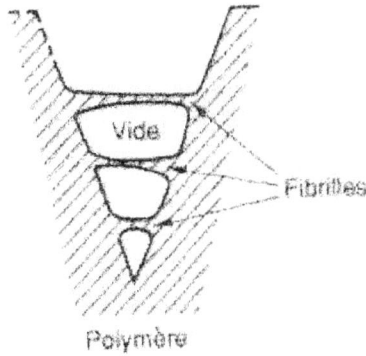

FIG. **1.19** – Structure de fond d'une craquelure

préférentielle. A droite : craquelage présentant une direction préférentielle. Mais comment

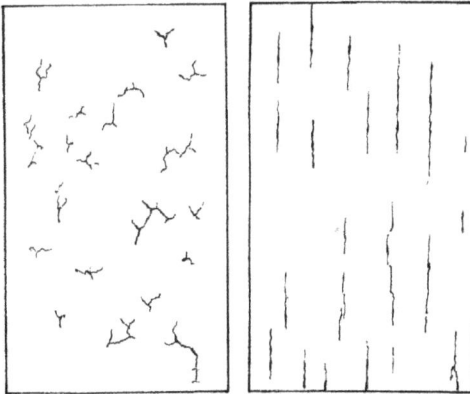

FIG. **1.20** – Craquelage d'une finition.

sont générées et développées ces craquelures en surface des systèmes bois-finition ?

Une théorie [De Meijer, 2001 ; Gaillard, 1984] propose que l'étape initiale est la différence de retrait ou de gonflement entre le bois et le feuil qui cause de fortes contraintes dans la finition, celle-ci étant liée au bois par des liaisons physiques et/ou chimiques [Podgorski, 1993]. Ces contraintes se concentrent par la suite autour d'inclusions dans la finition comme des pigments ou des défauts pour former par la suite des craquelures qui vont se propager dans le film. Ainsi, le niveau d'amorçage des craquelures serait proportionnel à la perméabilité de la finition et la propagation serait proportionnelle à l'énergie de fracture du feuil. Des corrélations ont ainsi été notées entre l'intensité du craquelage et les fluctuations du taux d'humidité dans le bois pour deux systèmes de finition à base alkyde et acrylique.

D'autres études [De Meijer, 2001 ; Podgorski, 1993] montrent que la température de transition vitreuse du film augmente avec le vieillissement, et que parallèlement, la contrainte interne augmente dès que la mobilité des macromolécules est réduite ce qui correspond au moment où il n'y a plus assez de solvant lors de la formation du feuil. Température de transition vitreuse et contrainte interne semblent donc évoluer conjointement. Il est même parfois suggéré [De Meijer, 2001] que la température de transition vitreuse des finitions devrait se situer idéalement entre 0 et 10°C pendant une période de 10 à 20 ans pour assurer une flexibilité suffisante des finitions sur le bois.

L'écaillage est caractérisé par un décollement entre finition et sous couche ou entre le feuil et la surface du bois. Les surfaces écaillées peuvent s'étendre sur plus de quelques centimètres carrés. Cet écaillage est précédé par la présence de craquelures et fissures. L'adhérence entre couches de finition successives et entre le feuil et le bois sera donc primordiale. L'adhérence de la finition sur le bois est due d'une part à des liaisons chimiques et d'autre part à un accrochage mécanique [Gaillard, 1984]. Pour des surfaces dans le sens longitudinal du bois, la pénétration se limite principalement aux trachéides pour les résineux et aux vaisseaux pour les feuillus, ouverts à la surface du bois. Quelques constituants du liant de faible poids moléculaire seraient susceptibles d'atteindre les cellules adjacentes par passage dans les ponctuations. Au cours du vieillissement, les liaisons chimiques se rompent et l'adhérence ne relève plus que de l'ancrage mécanique. Par la suite, des variations dimensionnelles couplées à la présence de fissures qui permettent à l'eau de pénétrer sous le film entraînent le décollement complet de la finition.

■ **L'érosion, la perte de brillance et le poudrage**

Le brillant, contrairement à la couleur, est une caractéristique propre du film de finition plutôt que du système bois-finition. Il est caractéristique de la capacité du film de finition à réfléchir la lumière incidente. Il est exprimé en pourcentage, par le rapport de l'intensité de la lumière incidente sur celle de la lumière réfléchie par la surface.

Cependant, le brillant de toute finition tend à s'affaiblir lors d'une exposition aux agents atmosphériques [Podgorski, 1993], mais ne semble avoir aucune influence sur la durabilité de la finition. Selon une étude [Yang et Vang, 2001], la perte de brillant serait due à l'exposition des pigments à la surface du film de finition au cours de la dégradation du film. Cependant la même étude montre que les pigments de la sous-couche pigmentée ne sont exposés à la surface d'un film polyuréthane qu'après 20 semaines d'un cycle d'exposition en QUV et que la brillance mesurée sous un angle de 60° diminue de 86,5 à 65 en 8 semaines. Par ailleurs, la formation de cloques de 200nm de diamètre au bout de deux mois d'exposition semble suffire à réduire le brillant, celui-ci pouvant être affecté théoriquement à partir d'un diamètre de cloques de 138nm. Ce serait donc la formation de micro-cloques qui serait responsable de la diminution du brillant dans les premières étapes de vieillissement, tandis que l'exposition des pigments à la surface accentuerait par la suite la perte de brillant.

Le poudrage ou farinage à la surface d'une finition serait en relation avec la remontée des pigments comme le montre cet exemple [Jacques, 2000] d'une finition contenant des pigments de dioxyde de titane qui suite à une dégradation du film forment une couche en surface que l'on peut facilement enlever à la main.

1.3 Tests et principes de photostabilisation

Comme nous venons de le voir, le processus de photodégradation est provoqué principalement par la formation des radicaux libres générés par l'absorption de la lumière UV qui atteint la surface du matériau (finition et/ou bois). Un tel phénomène mène à des réactions irréversibles de photolyse, photooxydation, thermolyse et hydrolyse responsables de la photodégradation et concerne non seulement le bois, mais aussi la finition qui le couvre. Les méthodes de protection du bois consisteront particulièrement en l'inhibition et la limitation de la formation de radicaux libres par modification du bois ou l'ajout de stabilisants appropriés. Toute protection doit prendre en compte la protection de tout le système bois/finition dans le cas où le bois est couvert d'une finition.

1.3.1 Tests de vieillissement

Comme la durée de vie moyenne des finitions pour bois actuelles est de plus en plus longue (elle peut aller jusqu'à 8 ans dans le cas de peintures [Roux et Anquetil, 1994], les méthodes traditionnelles d'exposition aux intempéries naturelles sont devenues trop lentes. En effet, le formulateur ou le fabricant de menuiseries extérieures ne peut se permettre d'attendre toutes ces années pour savoir si une menuiserie finie avec une nouvelle lasure aura une bonne tenue au vieillissement. Ainsi pour des raisons économiques, réduire les temps de test est devenu un challenge qui intéresse tous les fabricants de polymères en général. C'est pourquoi différents appareils de vieillissement accéléré sont apparus sur le marché ces dernières décennies pour fournir des données relatives à la dégradation des polymères.

Ces appareils de vieillissement accéléré ne permettent cependant que de réaliser un compromis technico-économique et non un test idéal [Verdu] qui simulerait parfaitement l'action des conditions climatiques réelles. Les difficultés proviennent de plusieurs points : Dans le cas du vieillissement naturel, les paramètres d'exposition (spectre solaire, intensité lumineuse, température et humidité) varient de façon cyclique (jour-nuit, cycle saisonnier ...) et aléatoire (couverture nuageuse ...) et leurs variations sont souvent mal connues et donc difficilement simulables.

Le spectre de photosensibilité du matériau est en général inconnu ou mal connu et sa détermination est très coûteuse. La multiplication des essais de vieillissement est très coûteuse elle aussi en investissement, en temps et en consommation (lampes, énergie, eau distillée). L'accélération du vieillissement doit cependant se faire de façon réaliste, c'est à dire que le test en laboratoire ne doit qu'accélérer les phénomènes et non en créer certains qui ne se produiraient pas en exposition naturelle [Jacques, 2000 ; Lemaire, 1998 ; Martin, 2002]. Ces appareils utilisent différents outils pour simuler l'action des rayons solaires, de la température et de l'eau qui sont présentés ci-après. Des tests en milieu anaérobie sont à proscrire puisqu'ils conduiront à des résultats erronés [Lemaire, 1998].

1.3.1.1 Simulation du rayonnement solaire

La sélection d'une source lumineuse doit tenir compte de deux paramètres principaux pour réaliser des essais accélérés : Le seuil spectral de la lampe doit être le même ou tout au moins très proche de celui du soleil, sous peine que les longueurs d'onde trop courtes induisent des dégradations chimiques non naturelles et un résultat erroné pour le test [Jaques, 2000]. L'accélération ne doit être provoquée que par l'usage d'intensités lumineuses plus élevées que l'intensité solaire [Lemaire, 1998]. L'intensité de l'irradiance ne doit pas ou peu varier au cours du temps sous peine de faire des tests qui ne soient pas comparables entre eux [Jaques, 2000 ; Comerford, 1995]. Nous nous limiterons ici au type de lampes utilisées actuellement en vieillissement accéléré et nous ne parlerons pas des lampes qui ne sont plus utilisées de par leur performances jugées à présent comme limitées ou complètement irréalistes comme le sont les arcs au carbone qui ont une énergie spectrale pauvre en dessous de 340nm et très élevée entre 350 et 450nm en comparaison avec celle du soleil [Comerford, 1985]. Nous ne parlerons pas non plus des lampes monochromatiques. Ces lampes sont de trois types principaux : les lampes au xénon, les lampes à vapeur de mercure moyenne ou haute pression et les lampes fluorescentes.

◊ Les lampes au xénon

Les lampes au xénon donnent une simulation du spectre solaire quasi parfaite avec un filtrage approprié [Jaques, 2000 ; Martin, 1999]. En effet, le spectre d'émission de ces sources semble très voisin du spectre solaire. Or, ces sources émettent des radiations absentes du spectre solaire, à savoir des radiations allant de 240nm à environ 300nm et il convient donc de bien filtrer le rayonnement incident pour éliminer ces radiations [Lemaire, 1998]. Néanmoins, même bien filtrées les sources xénon présentent un excès de courtes longueurs d'onde. La figure FIG. 1.21 nous donnent le spectre d'émission de lampes filtrées avec un double système au borosilicate ou avec un système mixte au quartz et au borosilicate. La deuxième combinaison produit un spectre qui inclut des longueurs d'ondes vraiment plus courtes que le seuil spectral solaire, ce qui risque d'induire des effets irréalistes. Le seuil spectral pour ce système est aux environs de 280nm. Dans le cas du premier système, le seuil est d'environ 290nm et laisse lui aussi passer des longueurs d'ondes plus courtes que celles retrouvées en extérieur [Bauer, 2000]. Ces lampes au xénon se retrouvent dans des appareils du type Weather-Ometer vendus par la société ATLAS.

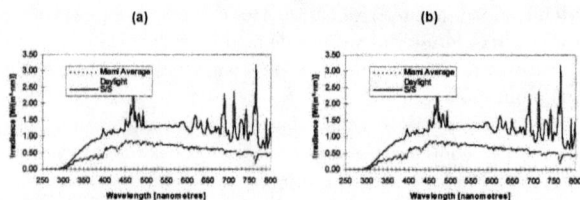

FIG. 1.21 – Spectres arc au xénon contrôlé à $0.55\mathrm{W}/m^2$ à 340nm comparé au spectre optimum moyen de Miami et muni d'un (a) double filtre en borosilicate (b) filtre mixte quartz/borosilicate

Un problème important des lampes au xénon réside dans le fait que l'intensité des lampes diminue avec le temps. Une lampe à arc au xénon de 6000 Watts voit ainsi son spectre ne contenir plus que des longueurs d'ondes visibles après 350 à 450 heures de fonctionnement [Comerford, 1985]. Heureusement, les enceintes de vieillissement actuelles permettent maintenant de contrôler automatiquement le niveau d'intensité afin d'avoir toujours un spectre semblable. Cependant, cette augmentation d'intensité ne semble pas agir de façon homogène sur le spectre [Martin, 1999] : ainsi la proportion du domaine UV par rapport à l'énergie totale émise (UV et visible) serait plus forte à mesure qu'on augmente l'intensité de la lampe.

Les lampes à vapeur de mercure

Les lampes à vapeur de mercure moyenne pression présentent le spectre présenté sur la figure FIG. 1.22. Ce spectre a la particularité d'être discontinu et de présenter différentes longueurs d'onde caractéristiques sur un fond de longueurs d'onde de faible intensité mais présentes et continues sur quasiment tout le domaine spectral. La source à vapeur de mercure émet des longueurs d'onde à partir de 280nm mais la double enveloppe au borosilicate qui compose la lampe filtre toutes les longueurs d'onde inférieures à 290nm [Lemaire, 2001]. Par ailleurs, l'émission est assurée avec une intensité et une distribution spectrale constante pendant plus de 4000 heures [Rivaton, 1985 ; Lemaire, 1996]. L'utilisation d'une lampe à vapeur de mercure moyenne pression permet une meilleure approximation du spectre solaire que celle d'une source au xénon en considérant le pourcentage de courtes longueurs d'onde par rapport aux longueurs d'onde plus grandes. Les lampes à vapeur de mercure haute pression type OSRAM ULTRA-VITALUX 300W ont pratiquement les mêmes caractéristiques spectrales que celles à moyenne pression. Le spectre est discontinu et présente des bandes caractéristiques des lampes à vapeur de mercure mais couvre aussi tout le domaine spectral à partir d'environ 300nm jusqu'à l'infrarouge inclus en passant par le visible.

Les tubes fluorescents

Les tubes fluorescents sont utilisés principalement sur les QUV de la société Q-Panel. Ce sont en fait des tubes contenant du gaz à vapeur de mercure haute pression émettant à 254nm et dont l'enveloppe extérieure est recouverte d'une substance fluorescente. Celle-ci va être excitée par le rayonnement à 254nm et à son tour émettre une lumière polychromatique dans le domaine UV. Il existe trois principaux types de lampes classées suivant le pic principal de leur spectre d'émission : les lampes UVB-313, UVA-340 et UVA-351. On ne s'attardera pas sur les lampes UVA 351 qui simulent le rayonnement solaire à travers une vitre et donc ne sont pas adaptées pour des tests sur des produits soumis au rayonnement solaire direct. Les spectres pour les lampes UVB 313 et UVA 340 sont représentés sur la figure FIG. 1.23 : Les lampes UVB-313 émettent, comme on peut le voir, des longueurs d'onde plus courtes que celles contenues dans le spectre solaire reçu à la surface terrestre. Le seuil spectral de ces lampes est approximativement à 275nm. Leur énergie émise entre 280 et 300 nm est de 10,38 W/m^2 alors que celle du soleil selon le CIE est de zéro [Scott, 2001]. Ces lampes sont surtout utilisées pour faire des tests rapides sans se soucier des problèmes de corrélation avec le vieillissement naturel, les très courtes longueurs d'ondes ayant des efficacités photoniques plus élevées que celles contenues dans l'énergie solaire. Pour les essais où l'on cherche à se rapprocher le plus possible du spectre solaire, on utilisera des lampes UVA-340. Ces lampes, contrôlées à 0,68 W/m^2 à 340nm sont une quasi parfaite simulation du spectre solaire [Bauer, 2000], entre 300nm et 360nm, c'est à

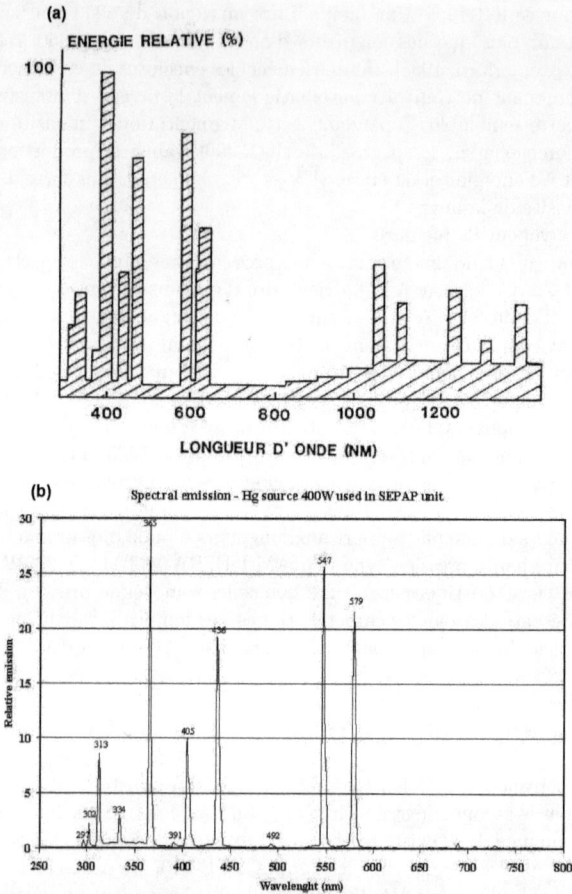

FIG. 1.22 – Spectre d'émission des lampes (a) MAZDA MA400 et (b) OSRAM ULTRA-VITALUX

dire pour la partie du spectre la plus susceptible de causer des dommages aux polymères. Cependant, il faut noter que ces lampes contiennent tout de même, et de façon continue, des longueurs d'onde jusqu'à plus de 400nm (on retrouve encore entre 380 et 400nm une énergie radiante émise de 2,67 W/m^2 contre 21,20 W/m^2 dans l'énergie solaire.

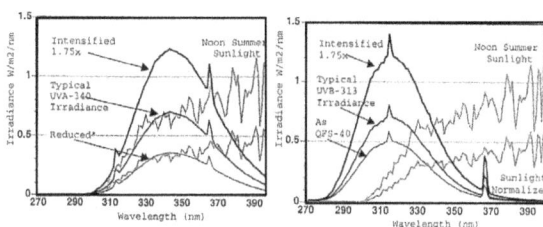

FIG. 1.23 – Spectre de lampes UVA-340 à gauche et UVB-313 à droite, à différentes intensités de contrôle et comparées aux spectres solaires optimum moyen de Miami et d'été à midi (maximum)

1.3.1.2 La simulation de l'action de l'eau

Les tests accélérés simulent de quatre façons différentes l'action de l'eau sur les polymères : par trempage dans de l'eau, par condensation à la surface, par aspersion ou par contrôle du niveau d'humidité relative de l'air ambiant.

Le trempage

Le trempage dans de l'eau (distillée ou non) ne concerne que la roue de dégradation accélérée (FIG. 1.24). Le fait de travailler à température ambiante peut générer des différences de dégradation entre l'été et l'hiver, par exemple lorsque le laboratoire n'est pas climatisé. La hauteur d'eau dans le bac détermine le temps que passera chaque échantillon dans l'eau. Habituellement, le niveau d'eau est réglé pour que les échantillons y passent 12 minutes. Le trempage dans l'eau d'échantillons bois-finition peut entraîner des reprises d'eau ailleurs que par le film de finition en lui-même : Ce peut être par exemple par le bois de bout ou par les trous pratiqués sur le contre-parement des échantillons afin de les fixer à la roue. On peut ainsi avoir des reprises d'eau différentes de celles intervenant en vieillissement naturel.

La condensation

La condensation est utilisée principalement dans les QUV pour simuler la rosée à la surface des échantillons [Grosman, 1990]. De l'eau (non distillée) contenue dans le bac sous les échantillons est chauffée au moyen d'une résistance, ce qui produit de la vapeur d'eau chaude et crée un taux d'humidité de 100% pour une température de panneau noir pouvant être contrôlée précisément entre 40 et 60˚C. Les échantillons d'essais forment la paroi latérale de la chambre et l'air ambiant refroidit leur face extérieure de quelques degrés en dessous de celle de la vapeur. Ce refroidissement produit la condensation sur leur face intérieure comme on peut le voir sur la figure 1.25 : L'eau qui se dépose ainsi est équivalente à de l'eau distillée pure, ce qui permet de n'avoir aucune trace due aux minéraux dissous dans l'eau du robinet à la surface des échantillons. Ainsi, lorsque des taches ou des changements de couleur apparaissent à la surface des échantillons dans un QUV en mode condensation, ce résultat peut être pris en compte comme faisant partie du processus de vieillissement. La température élevée des gouttes d'eau qui se déposent

45

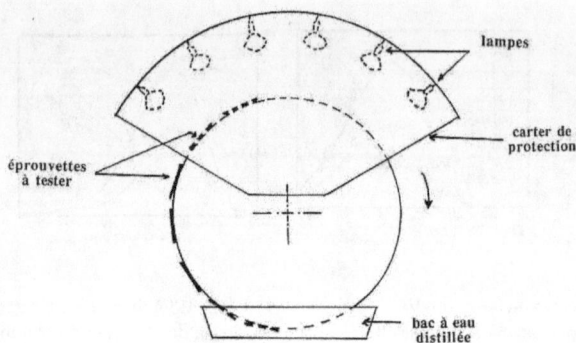

FIG. 1.24 – Schématisation d'une roue de dégradation accélérée

à la surface des échantillons ne fait qu'accélérer les phénomènes dus à l'eau [Grosman, 1990]. Par ailleurs l'évent situé au dessus du niveau de l'eau permet d'assurer que la condensation soit saturée en oxygène, ce qui permet d'avoir des contacts intimes entre oxygène et surface du substrat. Un inconvénient de ce système est que la condensation ne va pas se déposer de manière immédiate à la surface des échantillons. En effet, suivant l'épaisseur des éprouvettes, le matériau testé qui sera plus ou moins isolant (très isolant dans le cas du bois), la température de l'air ambiant et la température de consigne en phase condensation, le dépôt d'humidité pourra prendre entre une demi-heure et plusieurs heures. Il est ainsi déconseillé par Q-Panel de réaliser des phases de condensation de moins de deux heures [Manuel QUV]. Les temps réels pendant lesquels les échantillons sont réellement en contact avec l'eau de condensation sont ainsi approximatifs.

L'aspersion d'eau

L'aspersion d'eau est utilisée dans les Weather-ometer, les QUV avec option spray et la chambre climatique du laboratoire Lapeyre. Ce système que l'on peut voir sur la figure (FIG. 1.25) dans le cas du QUV permet de simuler l'action de la pluie sur les échantillons et donc les phénomènes d'érosion [Podgorski et al, 2003 ; Arnold et al, 1991] qui sont particulièrement importants dans le cas du bois. Deux inconvénients majeurs peuvent survenir lors de l'utilisation du spray : tout d'abord, l'eau utilisée doit être correctement filtrée, adoucie ou distillée sous peine de voir apparaître à la surface du matériau des taches qui ne relèveraient pas du vieillissement du film ou qui pourraient être confondues avec du poudroiement par exemple. Par ailleurs, la température de l'eau utilisée est celle du réseau d'eau et sera donc froide en hiver et chaude en été ce qui peut générer des différences dans le vieillissement [Grosman, 1990].

L'humidité relative de l'air

L'humidité relative de l'air contenu dans les chambres d'essai n'est en général pas contrôlée : C'est ainsi le cas de la roue de dégradation accélérée, du QUV en mode UV ou aspersion (l'humidité relative de l'air étant de 100% en phase condensation) et du Weather-ometer.

46

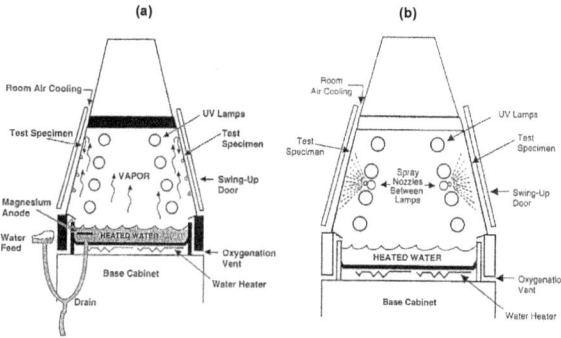

FIG. 1.25 – Schématisation d'un QUV (a) en mode condensation (b) en mode aspersion (spray)

1.3.1.3 La simulation de l'action de la température

Les cinétiques de dégradation étant fortement dépendantes de la température [Martin, 1999], la température en vieillissement accéléré joue un rôle de première importance. Il est donc important de définir une température de chambre avec juste une tolérance de quelques degrés [Scott, 2001]. Le facteur d'accélération du vieillissement est grossièrement multiplié par deux pour une élévation de température de 10°C pour les polymères en général [Grossman, 1990]. Il est cependant important d'élever la température pour l'accélération mais jamais jusqu'à des niveaux non réalistes. Dans le cas de finitions appliquées sur le bois, on ne devra pas dépasser 80°C si l'on se base sur les données fournies par le CTBA [Roux et Anquetil, 1994].

Les sources principales de température dans les chambres climatiques sont les lampes. Des systèmes d'appoint de réchauffeur d'air ou des ventilateurs d'air frais permettent de réguler la température pour atteindre et maintenir la température de consigne. La température des appareils de vieillissement peut être soit contrôlée par un capteur de température d'air ambiant soit par un capteur de type panneau noir. Dans les deux cas, on ne pourra pas contrôler directement la température de surface des échantillons. Le panneau noir quant à lui donnera la température maximale atteignable par les échantillons [Jacques, 2000].

1.3.1.4 Les cycles utilisés

La simulation des différents agents de vieillissement des systèmes bois-finition sont combinés dans différents cycles de vieillissement qui vont alterner les phases d'irradiation avec les phases dites obscures ou de contact avec de l'eau sous différentes formes. Concernant la roue de dégradation accélérée, la roue tournant à vitesse constante, il n'est pas possible de faire varier le cycle, à moins de jouer sur le niveau d'eau ou de faire varier la vitesse de la roue en jouant sur le nombre de dents des pignons.

Le cycle habituel qui est utilisé au CTBA ou en contrôle continu dans les usines comprend :

27 minutes à l'air ambiant.

24 minutes sous 6 lampes OSRAM ULTRA VITALUX 300W

27 minutes à l'air ambiant

12 minutes de trempage dans de l'eau distillée.

Concernant le QUV, on peut jouer sur le niveau d'irradiance, sur la température en phase UV ou phase condensation, sur les différents temps des phases UV, condensation ou aspersion. Actuellement, il existe des normes concernant l'utilisation du QUV en phase UV et condensation mais pas en mode aspersion. Ces normes sont les suivantes : ASTM G53, ISO 11507 et BS 7664. Elles précisent les conditions d'utilisation décrites par le cycle suivant [Podgorski, 2000] :

4 heures de condensation à 40°C.

4 heures d'UV (à 340 ou 351nm) à 60°C

Cependant, des travaux ont été réalisés avec des QUV-340 munis de systèmes d'aspersion. Arnold et al. (1991) ont ainsi travaillé sur des cycles comprenant 5 heures d'UV et 1 heure d'aspersion ou 3 heures d'UV et 1 heure d'aspersion. Des échantillons de différentes essences de résineux et de feuillus ont été soumis à ces cycles et également à un cycle au weather-ometer comprenant 24 heures d'irradiance dont 4 avec aspersion d'eau. L'érosion des spécimens en surface a été étudiée : il apparaît que le premier cycle au QUV est plus sévère que le suivant et qu'il existe une bonne corrélation entre le premier cycle au QUV et le cycle au weather-ometer. La relation entre les deux appareils pouvant être décrite par la relation suivante avec un coefficient de corrélation de 0,98 : érosion QUV = 0,006 + 1,164 érosion weather-ometer L'auteur conclut que, quelle que soit la source lumineuse (Xénon ou UVA-340), un système d'aspersion est essentiel pour enlever les particules de bois photodégradées de la surface des échantillons et pour obtenir l'état de surface caractéristique d'une érosion en condition naturelle.

Une autre étude [Podgorski, 2000] visant à produire une méthode normalisée applicable au support bois-finition a abouti au cycle optimisé suivant qui a été ensuite testé pendant un total de 2016 heures :

Condensation à 45°C pendant 24 heures

48 x (2,5 heures d'UVA-340 à 60°C puis 0,5 heure d'aspersion au débit de 6 à 7 litres/mn).

Ce cycle a été appliqué sur différents échantillons de pin sylvestre revêtus de finitions acrylique ou alkyde. Les résultats montrent que ce cycle est plus contraignant que les cycles normalisés décrits précédemment. En particulier, le système recouvert de peinture acrylique présente des craquelures avec ce cycle alors qu'il n'en présentait pas avec les anciens cycles. Enfin, des essais de vieillissement naturel menés en parallèle en Suisse pendant 18 mois ont permis d'obtenir les résultats suivants à savoir une bonne correspondance pour le craquelage entre vieillissement naturel et artificiel excepté pour la lasure de finition alkyde qui présente plus de craquelage en vieillissement artificiel qu'en naturel. Par ailleurs, une bonne correspondance a été mise en évidence pour la perte de brillance des produits alkyde, correspondance moins nette pour les produits acryliques. Des essais similaires sur d'autres essences comme le chêne, le hêtre, l'épicéa ou le meranti ont permis de montrer que l'essence a une grande influence sur les performances des finitions et que les résultats ne pouvaient être transposés d'une essence à une autre pour une même finition.

Concernant le QUV, aucun article actuellement ne fait référence à des tests utilisant une irradiance plus élevée dans le but de raccourcir la durée du test. Le weather-ometer ne possède pas comme le QUV de mode condensation. Par contre, contrairement au QUV, il est possible de combiner à la fois irradiation lumineuse et aspersion. De plus le niveau d'irradiance est lui aussi réglable. Le cycle de référence pour les systèmes bois-finition est le cycle de la norme ASTM [Scott, 1996] comprenant :

12 minutes d'UV et aspersion combinés

108 minutes d'UV.

Dans une étude [Raman, 1990], ce cycle a été comparé avec un nouveau cycle comprenant une plus grande proportion d'aspersion :

1 heure d'UV et aspersion combinés.

2 heures d'UV.

Ce nouveau cycle appliqué comparativement sur des essences de red cedar et de douglas recouvertes de peinture à l'huile opaque a permis de mettre en évidence que le nouveau cycle permettait d'obtenir plus de gonflement et de retrait des substrats et aussi plus de détérioration par craquelage, perte de brillance et poudrage, aucun chiffre n'étant donné. Cependant, 1500 heures de l'ancien cycle correspondent au niveau de la détérioration globale à 850 heures du nouveau cycle.

On trouve dans la littérature des essais à irradiance ou température élevées réalisés au moyen de weather-ometer sur des peintures ou polymères pour automobiles. Une étude [Boxhammer, 2001] a ainsi suivi le changement de couleur de polymères à base de polyuréthane soumis à différents niveaux d'irradiance. Les résultats montrent que la vitesse de changement de couleur augmente lorsque le niveau d'irradiance augmente tout en conservant cependant de bons niveaux de corrélation entre les différents essais : ainsi le test réalisé à $144 W/m^2$ (entre 300 et 400nm) est proportionnel au test réalisé à $48 W/m^2$ avec un coefficient de corrélation de plus de 0,8, ce qui est bon. L'auteur conclut donc qu'il est possible de réaliser des essais à irradiance élevée dans le but d'accélérer le phénomène de changement de couleur sur ces polymères avec un bon niveau de corrélation avec des tests à irradiance plus faible.

La même étude a parallèlement montré qu'il était possible d'accélérer de manière réaliste les changements de couleur (d'une finition Alkyde/Mélamine appliquée sur un substrat en aluminium en augmentant la température de chambre. Ainsi, en passant d'une température de chambre de 40 à 70 °C, et pour une même dose UV (entre 300 et 400 nm) reçue, le ΔE^* passe de 6 à plus de 20. On peut donc penser, au vu de ces différents cycles, qu'il existe en fait une multitude de combinaisons possibles et que chaque paramètre (spectre, niveau d'irradiance, température, type de phase humide, temps des différentes phases) aura son importance et influencera le degré et le type de vieillissement obtenu.

Il est donc intéressant d'étudier ces différents paramètres en les appliquant au matériau composite bois-finition dans le but de raccourcir les temps d'essais tout en essayant de simuler de façon réaliste le vieillissement. Le test de vieillissement dans cette étude tient compte de ces différents paramètres.

1.3.2 Principes de photostabilisation et limites

1.3.2.1 Modification du bois

La modification d'un bois brut qui pourra ou non être recouvert d'une finition permet de stabiliser le matériau. Elle est caractérisée par le changement de la structure chimique des parois cellulaires. Bien que la plupart des traitements soient destinés à améliorer la résistance à la pourriture et à diminuer les changements dimensionnels du matériau, certains améliorent sa résistance au vieillissement [de Meijer, 2001].

◇ Modification thermique ou photochimique

Les processus de modification par voie thermique sont connus sous leurs appellations commerciales : Thermowood, Plato, Rétification, Perdure ou traitement avec l'huile Menz. Ces traitements consistent à chauffer du bois jusqu'à une température maximale atteignant 260°C [Homan, 2004]. Le principe commun entre ces processus est un changement chimique des composés du bois induit par la chaleur au cours du traitement, à des niveaux différents d'humidité sans ajout d'additifs chimiques. En raison du traitement thermique, la lignines subit un changement de couleur qui fait s'assombrir la surface du bois. Les connaissances sur la stabilisation de couleur par ces processus sont relativement limitées. Concernant le traitement photochimique, nous pouvons stabiliser la couleur du bois par un vieillissement photochimique accéléré (ou non) sous la lumière UV [Deglise et Merlin, 2000].

◇ . Greffage

Ce groupe de processus est basé sur l'imprégnation du bois par un composé chimique réactif suivi d'une étape de greffage ou de réticulation de ce composé. La dernière opération se fait souvent à des températures élevées. La plupart des composés chimiques réactifs d'usage courant sur le bois sont : alcools anhydrides (le plus souvent anhydride acétique), N-methylol (le plus connu est le dimethylol dihydroxyl ethylene urea DMDHEU) et les mélamines. Il a été démontré [Xie, 2004] que le traitement avec le DMDHEU améliore la stabilité de la couleur du bois et réduit la perte de résistance à la traction. La molécule (FIG. 1.26) et l'équation de réaction (Réaction 1.12) de greffage avec le bois sont présentées.

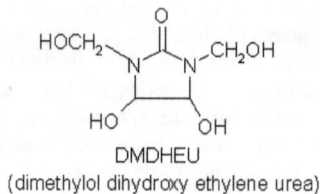

DMDHEU
(dimethylol dihydroxy ethylene urea)

FIG. **1.26** – Molécule de dimethylol dihydroxyl ethylene urea DMDHEU

Généralement, les différentes technologies de modification du bois fournissent des nouvelles voies et méthodes pour améliorer la protection de la surface du bois contre la

$$R_2NCH_2OH+HO\text{-}Bois \xrightarrow{\textit{Réticulation}} R_2NCH_2O\text{-}Bois+H_2O \qquad \text{Réaction 1.12}$$

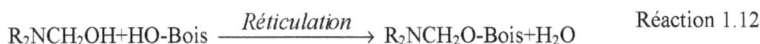

dégradation chimique et physique. La combinaison avec des finitions spécifiques ou traitements contenant des absorbeurs UV ou des pièges des radicaux ou d'antioxydants peuvent améliorer davantage le niveau de protection. Récemment des traitements ont été effectués à l'aide d'absorbeurs UV réactifs greffés au bois. Williams et al (2001) ont montré que le greffage de l'absorbeur UV benzophenone modifié, 2-hydroxy-4(2,3-epoxypropoxy)-benzophenone (HEPBP) au bois (FIG. 1.27) protège la surface de bois de la photodégradation et ....

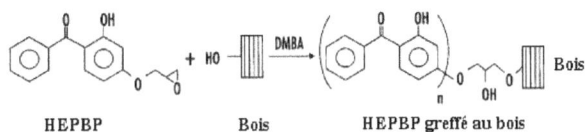

FIG. **1.27** – Greffage de HEPBP au bois en utilisant un catalyseur DMBA

1.3.2.2   Protection par des stabilisants dans la finition

A partir de la connaissance, au niveau moléculaire, des mécanismes de photodégradation d'un polymère organique cités ci-dessus, plusieurs stratégies ont été définies pour empêcher ou limiter les processus mis en jeu dans les réactions de la photo-oxydation en chaîne :

◊ Empêcher la lumière solaire d'atteindre le support bois par des écrans UV

◊ Absorber préférentiellement et de manière inoffensive le rayonnement UV (absorbeurs UV organiques)

◊ Désactiver les états excités avant qu'une réaction nuisible n'ait lieu (quenchers)

◊ Interrompre la chaîne d'oxydation par piégeage des radicaux ou en décomposant les peroxydes.

A chacune de ces stratégies correspondent des familles d'additifs de stabilisation. Les stabilisants sont des substances chimiques qui sont ajoutées dans les polymères à petites proportions (jusqu'à 5% par rapport à la masse). Sur le schéma général de la photooxydation des polymères organiques de la figure (FIG. 1.28) apparaissent les différents endroits où interviennent les stabilisants. Suivant leur mode d'action, les stabilisants utilisés dans les finitions du bois peuvent être classés comme :

◊ Photo-antioxydants comme les décomposeurs d'hydroperoxydes (e.g. phosphites), les donneurs-Hydrogène (e.g. phénols) et les anti-radicaux libres (e.g. Amines encombrés stériquement AES)

◊ Absorbeurs UV organiques et quenchers

◊ Absorbeurs UV inorganiques

Les photo-antioxydants

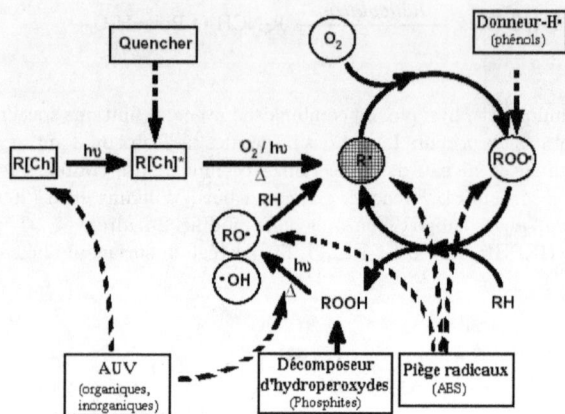

FIG. 1.28 – Schéma des principes de photostabilisation par les différents stabilisants

Le piégeage des chaînes alkyles peroxyles ou la désactivation des hydroperoxydes est une approche effective dans la photostabilisation des matériaux organiques. La sélection des photoantioxydants est limitée aux composés qui ont une bonne photostabilité.

◇ Les décomposeurs d'hydroperoxydes

Un décomposeur d'hydroperoxyde convenable, est un additif qui transforme les hydroperoxydes, ROOH, en des produits non-radicaux, non réactifs et thermiquement stables. Le décomposeur d'hydroperoxyde doit concurrencer efficacement avec la photolyse et la thermolyse du groupe des hydroperoxydes. Dans ce cas, les radicaux alkyles ($RO\cdot$) et hydroxyles ($HO\cdot$) produits par la réaction de photooxydation pourront être supprimés. Le groupe d'hydroperoxyde se réduit alors en un groupe alcool (ROH) et le décomposeur d'hydroperoxyde est oxydé suivant une réaction stoechiométrique (FIG. 1.29). Des composés organiques, entre autres, des phosphites et des composé soufrés (action catalytique) sont commercialisés.

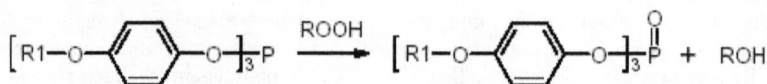

FIG. 1.29 – Réaction d'un décomposeur (phosphite) avec un hydroperoxyde

1. La sensibilité des phosphites et des phosphonites à l'hydrolyse produit des espèces acides qui provoquent par exemple des problèmes de corrosion. Les phosphites contenant des groupes alkyles aromatiques sont préférentiellement utilisés puisqu'ils sont plus stables que ceux contenant des groupes alkyles aliphatiques.

2. Les décomposeurs d'hydroperoxydes sont souvent utilisés en combinaison avec un autre groupe de photoantioxydants : les donneurs-H.

◇Les donneurs-H

L'étape déterminante dans le cycle d'oxydation est l'abstraction d'un hydrogène du radical peroxyle de la chaîne polymère, qui conduit à la formation de liaisons hydroperoxydes relativement stables. Si un hydrogène est offert au radical peroxyle par un composé extérieur dont l'abstraction d'hydrogène est facile (donneur-H), l'abstraction d'hydrogène de la résine de finition n'aura pas lieu jusqu'à la consommation totale du donneur-H. Suite à l'abstraction d'hydrogène du groupement phénolique, un radical phénoxyle et un hydrogène sont formés comme le montre le schéma de la figure (FIG. 1.30). Le radical peut ensuite subir une dismutation.

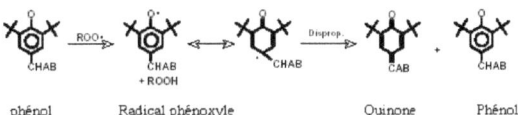

FIG. 1.30 – un phénol réagissant comme donneur-H

Les amines aromatiques sont une sous catégorie de ce groupe (donneur-H) et sont d'excellents pièges d'alkyles peroxyles. Néanmoins, ce ne sont pas des photoantioxydants convenables pour les finitions transparentes à cause de leur photo-instabilité et leur forte discoloration.

◇Les pièges de radicaux ou anti-radicaux libres

Le piégeage des radicaux alkyles, R., va immédiatement stopper l'autooxidation. Comme le taux de réaction de l'oxygène avec ces radicaux est extrêmement élevé, il est très difficile de concurrencer cette réaction avec n'importe quel piège de radicaux de type carbone [Zweifel, 97]. Heureusement, l'invention et le devéloppement d'un nouveau groupe de piège de radicaux a résolu le problème de photooxydation et a été réellement une découverte dans la stabilisation des polymères : les amines encombrées stériquement (AES ou HAS pour Hindered Amines stabilizers) ([Pospisil et Nespurek, 2000]. Les AES destinées à stabiliser des polymères contre la lumière s'appellent : HALS (hindered amines light stabilizers). Les AES sont à la base des dérivés de tétraméthyle piperidine. Généralement, le mécanisme de photostabilisation par les AES est expliqué par la réaction des radicaux alkyles ($R\cdot$) avec les radicaux nitroxyles ($NO\cdot$). Toutefois, ces radicaux nitroxyles peuvent participer à d'autres réactions complémentaires comme celles des radicaux peroxyles ($ROO\cdot$) et acylperoxyles ($ROCOO\cdot$). Ces réactions sont résumées sur la figure FIG. 1.31 (A, B et C). L'architecture moléculaire des AES exclut l'introduction de l'absorption des radiations UV ou le quenching des carbonyles excités dans l'activité du mécanisme. L'activité des AES est indépendante de l'épaisseur du film.

Les absorbeurs UV organiques et les quenchers

Nous rappelons le mécanisme initial de déclenchement des réactions de photodégradation des polymères organiques P0 comme le bois et les finitions (Réaction 1.13)

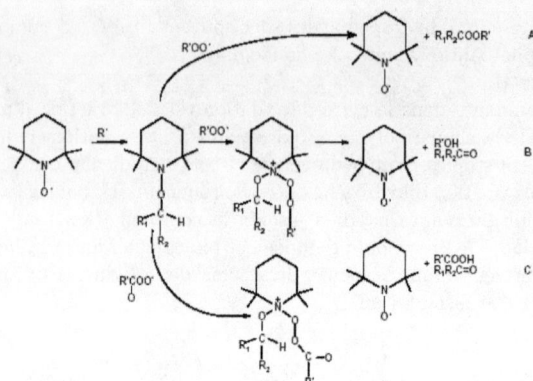

FIG. 1.31 – piégeage des radicaux par les radicaux nitroxyles

$$P_0 \xrightarrow{h\vartheta} {}^1P* \xrightarrow{CIS} {}^3P* \rightarrow \text{Réaction photochimique} \qquad \text{Réaction 1.13}$$

Pour éviter une telle réaction qui conduit à la dégradation des polymères (finition et bois), il existe deux stratégies :

1. Eviter la formation de l'état triplet excité (3P*) par photoinhibition ou quenching : Les Quenchers (Q) sont des photostabilisateurs capables d'inhiber l'état excité des chromophores du polymère. Les quenchers désactivent les espèces excitées comme les carbonyles [>CO]* et jouent le rôle d'accepteur A (Réaction 1.14)

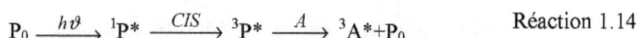

$$P_0 \xrightarrow{h\vartheta} {}^1P* \xrightarrow{CIS} {}^3P* \xrightarrow{A} {}^3A*+P_0 \qquad \text{Réaction 1.14}$$

Les quenchers cèdent l'énergie sous forme de chaleur, radiations fluorescentes ou phosphorescentes. Du point de vue pratique, les quenchers sont intéressants parce que leur action est indépendante de l'épaisseur de l'échantillon Ils peuvent donc stabiliser les épaisseurs faibles des films de finition. Toutefois, l'application des quenchers n'est pas d'usage courant dans les finitions. En effet, la plupart des quenchers sont des sels ou des chélates de nickel [Pospisil et Nespurek, 2000] de couleur verte qui modifient la couleur des finitions. De plus, des problèmes environnementaux se posent dus à la contamination par le nickel.

2. Eviter l'absorption des photons par ajout d'un absorbeur UV (absorbeurs UV) organique : Un absorbeur UV est un composé qui peut absorber fortement dans le même domaine spectral que P0 en faisant une réaction photochimique sans conséquences (e.g. isomérisation). Dans ce cas, les photons absorbés par l'absorbeur UV ne seront pas utilisés pour exciter P0 (résine et bois). Des composés de structure phénolique et non phénolique sont commercialisés. Les composés les plus utilisés dans l'industrie des finitions et leurs

courbes de transmission et d'absorption de lumière UV-visible sont représentés sur les figures FIG. 1.32, FIG. 1.33 et FIG. 1.34 respectivement.

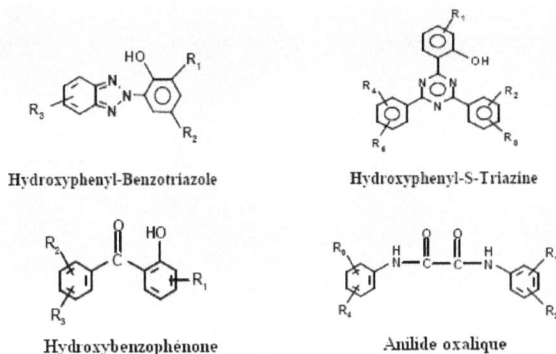

Hydroxyphenyl-Benzotriazole

Hydroxyphenyl-S-Triazine

Hydroxybenzophénone

Anilide oxalique

FIG. **1.32** – Principales classes d'absorbeur UV organiques

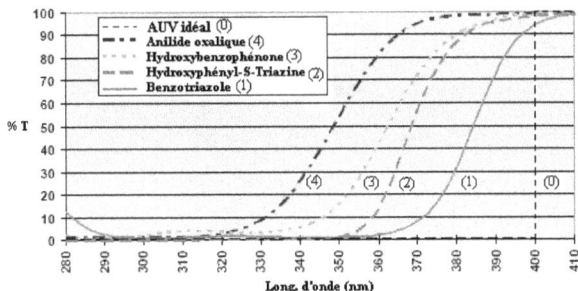

FIG. **1.33** – Spectres de transmission (%T) des principaux absorbeurs UV organiques

◊ Les absorbeurs UV de type phénolique impliquent des composés formant des ponts O···H···O, comme l'hydroxybenzophénone et ses dérivés.

◊ Le second groupe des absorbeurs UV de type phénolique comprend des composés impliquant des liaisons O···H···N comme l'hydroxyphényl-benzotriazole et l'hydroxyphenyl-S-triazine et leurs dérivés.

◊ Les absorbeurs UV de type non phénolique incluent l'anilide oxalique.

D'après les spectres d'absorption des absorbeurs UV organiques présentés sur la figure FIG. 1.34, il apparaît :

◊ Deux maxima d'absorption (max) pour les absorbeurs UV de type phénolique : un dans l'UV-B (à 300 nm) et l'autre dans l'UV-A (au delà de 320 nm). Les triazines

55

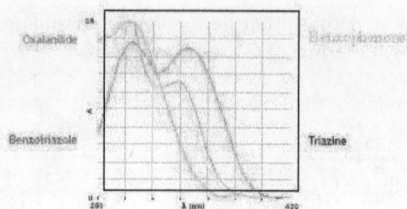

FIG. 1.34 – Spectres d'absorption des principaux absorbeurs UV organiques pour les finitions du bois [Rogez, 2004]

possèdent la plus forte absorption dans l'UV-B, suivies par les benzotriazoles et les benzophénones. Le maximum d'absorption dans l'UV-A se situe dans la région 340-350 nm pour les benzotriazoles, 335-340nm pour les triazines et 320-330nm pour les benzophénones. La position exacte des max dépend des substituants de la molécule de l'absorbeur UV et la polarité des solvants utilisés pour la réalisation des spectres.

◊ Un seul maximum d'absorption pour les Aabsorbeurs UV de type non phénolique. Les oxalanilides ont une absorption maximale au dessus de 300 nm, leur photoactivité est liée à l'effet de filtre dans la bande 280-340 nm. Dans cette région, les coefficients d'absorption des oxalanilides sont supérieurs à 104 L.mol-1cm-1 [Rabek, 1990]. Le 2-Cyanoacrylates absorbent souvent dans le proche UV, entre 290 et 320 nm [Gugumus, 1990].

Les pigments

La raison principale de la défaillance des finitions transparentes est la transmittance des radiations UV-visible jusqu'à la matrice bois qui se dégrade comme un bois non couvert de finition. Une méthode pour empêcher la photodégradation du bois consiste alors en l'application d'une finition opaque, finition pigmentée qui sert d'écran contre le rayonnement UV (ne transmet pas la lumière UV ni la lumière visible). Les pigments sont des particules solides qui sont insolubles dans l'eau et la matière grasse [Ginestar, 2003].

Les pigments peuvent être classés en fonction de leur origine : minérale ou organique. Les pigments inorganiques sont des produits inertes et opaques qui réfléchissant et diffusent les UV et une partie des radiations visibles.

Les pigments minéraux les plus utilisés pour la photoprotection sont le dioxyde de titane et l'oxyde de zinc et dans une moindre mesure le noir de carbonne.

Toutefois, la taille des particules étant de l'ordre du micromètre, ces poudres peuvent amener une forte coloration liée à des phénomènes d'absorption (noir de carbone, oxyde de fer) et/ou de diffusion (TiO2, ZnO). Ajoutons que l'addition de poudre ayant une granulométrie micronique peut avoir des effets négatifs sur la texture du produit dans lequel elle est ajoutée. Ces deux phénomènes limitent fortement le domaine d'application de ces poudres.

1.4 Introduction aux absorbeurs UV inorganiques de 2ᵉ génération

1.4.1 Problématique et définition

Les principales difficultés d'utilisation de TiO2 et ZnO sont dues au fait que ce sont des absorbeurs UV de 1ʳᵉ génération, c'est-à-dire des pigments blancs qui ont été détournés de leur utilisation première donc des composés optimisés pour diffuser la partie visible du rayonnement (ils possèdent un fort indice de réfraction : 2,75 pour TiO2 rutile et 2,1 pour ZnO). L'ajout de tels composés aux finitions du bois rend ces dernières opaques et par suite cachent la couleur naturelle, le grain et la texture du bois. Il est donc nécessaire de synthétiser des absorbeurs UV de ce type capables de conserver leur transparence aux finitions et de bloquer la lumière UV afin qu'elle n'atteigne pas la surface du bois : c'est l'objectif du présent projet. Les poudres inorganiques doivent donc répondre à un cahier des charges bien précis en ce qui concerne leur composition chimique, leur granulométrie et leurs propriétés optiques : c'est la 2ᵉ génération d'absorbeurs UV inorganiques.

1.4.2 Critères de sélection

Comme tout photostabilisateur de polymères, pour satisfaire les espérances pour une application commerciale et industrielle effectives, les absorbeurs UV inorganiques pour les finitions du bois doivent accomplir un ensemble de conditions [Valet, 1997]. Nous décrivons ici les principaux critères de sélection et nous intéressons particulièrement aux absorbeurs UV inorganiques pour des finitions transparentes du bois.

1.4.2.1 Critères physiques : propriétés optiques des anti-UV

Au contact d'une finition contenant des particules inorganiques (anti-UV), une partie du rayon lumineux UV incident (I_0) peut-être réfléchie (I_r), une partie absorbée (I_a) et/ou diffusé (I_d) par les particules et une partie peut-être transmise (I_t) pour atteindre la surface du bois (FIG. 1.35). Ainsi, les absorbeurs UV inorganiques sont des composés

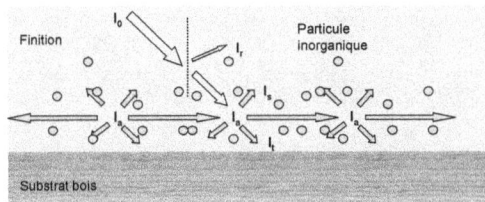

FIG. 1.35 – Atténuation d'un rayonnement UV par un anti-UV inorganique

qui doivent diffuser et/ou absorber le rayonnement UV et de transmettre dans le domaine du visible. La qualité première d'un bon candidat est donc d'absorber toutes radiations de longueur d'onde inférieure à 400 nm et de transmettre tout rayonnement de longueur d'onde supérieure. Ce profil en marche d'escalier est représenté sur la figure FIG. 1.36.

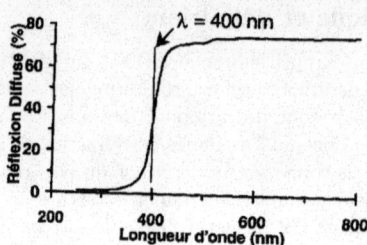

FIG. **1.36** – Spectre de réflexion diffuse d'un absorbeur UV inorganique idéal

Deux critères physiques sont à prendre en compte pour produire un bon absorbeur UV inorganique.

Le premier critère physique concerne la capacité du composé à absorber dans le domaine UV (3,1 à 4,5 eV). Celle-ci doit être maximale, ce qui suppose :

◇ i. Une absorption dès 3,1 eV pour absorber les UVA ;

◇ ii. Un pic d'absorption large pour absorber tous les UVA et les UVB ;

◇ iii. Un pic d'absorption intense pour permettre l'ajout d'un minimum de produit dans la matrice à protéger.

Le deuxième critère physique concerne la transparence du matériau dans le visible. Ceci suppose :

◇ iv. L'absence d'absorption dans le visible (en dessous de 3,1 eV) ;

◇ v. Une diffusion très faible de la partie visible du rayonnement.

Bien que non totalement rigoureuse, une évaluation sur poudre permet de donner une bonne indication sur le potentiel d'un matériau, en s'affranchissant des paramètres souvent complexes liés au milieu d'application. La mesure directe du profil d'absorption d'une poudre peut être réalisée par EELS (spectrométrie de perte d'énergie d'électrons), mais il est plus simple de réaliser en routine une première sélection par une analyse en réflexion diffuse, même si cette technique ne permet pas de déconvoluer absorption et diffusion. Les critères sont un bord d'absorption aussi droit que possible et le plus proche possible de la frontière entre UV et Visible, soit 400 nm ou 3,1 eV (FIG. 1.37). Un indice de réfraction plus élevé signifie une réflexion plus élevée de lumière visible et par suite une opacité plus grande de l'anti-UV est plus opaque ([Ginestar, 2003].

Pour être transparente, une poudre doit avoir un indice de réfraction bien inférieur à 2 et être constituée de particules ou agrégats de taille submicronique. Les propriétés d'absorption ou de diffusion sont toutes deux dépendantes de l'indice complexe du matériau N (1.2),

$$N = n + iK \qquad (1.2)$$

Où n est l'indice de réfraction et K le coefficient d'extinction. L'absorption est principalement liée à K, ce paramètre étant relié au coefficient d'absorption (μ), par la relation (1.3) :

$$\mu = 4\pi K / \lambda \tag{1.3}$$

Pour obtenir l'absorption la plus grande possible il faudra donc chercher des composés ayant un fort coefficient d'extinction. La diffusion est, elle, plus particulièrement liée à n. La taille des particules joue un rôle important à côté de l'indice de réfraction pour l'évolution de l'intensité diffusée (FIG. 1.37). Sur la Figure FIG. 1.37 (a) a été calculée l'évolution de l'efficacité de diffusion d'un rayonnement visible de longueur d'onde 500 nm en fonction de la taille des particules d'un matériau non absorbant d'indice 1,6 à 2,75, en concentration 0,2% volumique, dans une matrice isotrope d'indice 1,5 (indice typique d'une matrice organique) et d'épaisseur 1 millimètre. Cette figure met en exergue la dépendance de la diffusion avec l'indice de réfraction et la taille des particules. Si l'indice de réfraction dans le visible est faible, nous n'aurons pas d'autres contraintes sur la granulométrie que celles liées aux nécessités de la formulation. Par contre, si l'indice est élevé, il nous faudra disperser des particules de diamètre nanométrique (<100 nm) pour limiter le phénomène de diffusion (et donc les problèmes de blanchiment). Ainsi pour obtenir une efficacité de diffusion de 0,35 (Figure a), pour un composé d'indice 2,75 le diamètre des particules devra être de 90 nm, alors que pour un indice de 1,7 le diamètre sera de 350 nm. D'un point de vue pratique, il est beaucoup plus simple de stabiliser des suspensions de particules de ce diamètre, l'utilisation de composé à bas indice est donc préférable. La Figure FIG. 1.37 (b) présente l'évolution de l'efficacité d'absorption, pour un rayonnement de 350 nm (c'est-à-dire dans l'UV), de la même matrice organique, contenant cette fois des particules absorbantes. Ce graphique met en évidence qu'en deçà d'une certaine taille, la capacité d'absorption diminue avec la taille des particules. De plus, une diminution de l'indice est associée à un pouvoir absorbant moindre. Ainsi les deux voies proposées ci-dessus pour réduire la diffusion, réduction de l'indice ou du diamètre des particules, atténuent aussi l'absorption. Mais nous avons vu précédemment que, pour une efficacité de diffusion égale, il était nécessaire d'utiliser des particules de diamètre 90 et 350 nm pour des composés d'indice 2,75 et 1,7 respectivement. Les efficacités d'absorption correspondantes sont de 0,3 et 0,62, respectivement. Dans un tel schéma, l'utilisation de composés à bas indice, induisant une moindre diminution de capacité d'absorption, est donc préférable.

Une autre conséquence importante du lien entre l'absorption et la diffusion est qu'en dessous d'une certaine taille de particules (de l'ordre du micron), le gap apparent (celui que l'on peut mesurer par réflexion diffuse) augmente quand la taille des particules diminue (cet effet est particulièrement net pour les pigments, qui changent de couleur en conséquence). Ceci est illustré sur la Figure FIG. 1.38, qui montre l'évolution de la réflectance de particules d'oxyde de fer pour trois tailles de particule. Dans le cas d'un produit présentant un gap de 3,1 eV, l'utilisation de nanoparticules pour réduire la diffusion réduit donc fortement la protection dans le proche UV. Là encore, l'utilisation de composés à bas indice paraît une solution préférable à la diminution du diamètre des particules.

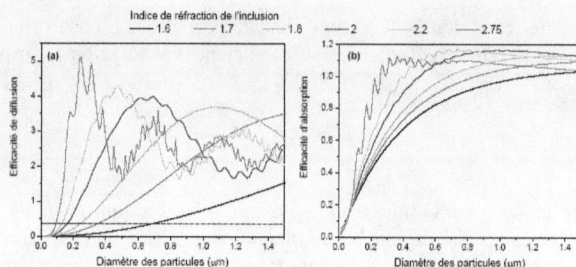

FIG. 1.37 – Efficacité de diffusion (a) et d'absorption (b) d'un rayonnement de longueur d'onde 500 nm en fonction de la taille des particules [Goubin, 2003].

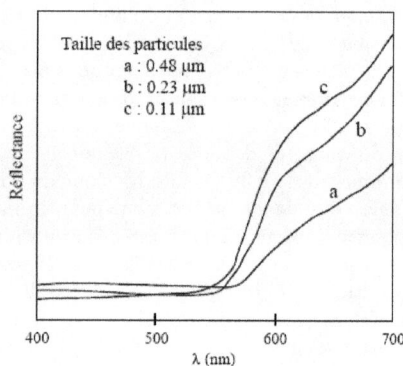

FIG. 1.38 – Evolution de la réflectance de particules d'oxyde de fer en fonction de la taille des particules, 0,48, 0,23 et 0,11 micromètre

1.4.2.2 Critères chimiques

Deux critères chimiques permettent de retenir un composé comme absorbeur UV potentiel : - Une haute stabilité thermique, une stabilité chimique et photochimique

- Absence d'effets de photoinitiation et de sensibilisation. Lors de l'absorption du rayonnement par un absorbeur UV, il se forme des porteurs de charge qui peuvent, soit se recombiner en dégageant de la chaleur, soit migrer jusqu'à la surface pour former des radicaux oxydants susceptibles de dégrader les groupements organiques en contact avec l'absorbeur UV. Ceci correspond à des réactions de photocatalyse. De telles réactions pourraient engendrer, dans le cas du bois, une dégradation plus rapide de la couleur au lieu de la protection durable recherchée. Les matériaux synthétisés doivent donc être étudiés en vue de mettre en évidence une éventuelle activité photocatalytique pouvant, au lieu de protéger le bois, accélérer sa dégradation. Ainsi, un absorbeur UV doit répondre positivement aux tests photocatalytiques suivant :

1. Test Phénol : l'anti-UV inorganique doit être stable dans un milieu contenant des phénols (ex. catéchine) lors d'une irradiation UV.

2. Les extraits de bois : La deuxième étape consiste à mettre en solution la catéchine et l'anti-UV, de soumettre le mélange aux rayonnements UV et d'observer le comportement de la catéchine par spectroscopie UV.

3. Les vernis : comportement de l'anti-UV en présence de produits de finition (vernis)

1.4.2.3 Qualité de dispersion

La qualité de dispersion des absorbeurs UV inorganiques dans les produits de finition du bois affecte leur efficacité et leurs performances de photoprotection (FIG. 1.39). Une bonne dispersion de l'absorbeur UV le rend plus facile à obtenir la photoprotection désirée. Il faut donc chercher à avoir une distribution stable des particules au cours du temps et d'éviter la re-agglomération des particules. En effet, l'absorption et la création de charges électriques à la surface des pigments tend à favoriser l'attraction des particules entre elles et par conséquent leur agrégation [Ginestar, 2003]. D'une manière générale, afin d'éviter les phénomènes d'agrégation, les particules inorganiques comme les anti-UV sont traitées par des matériaux organiques ou inorganiques comme le silicone, l'alumine, la silice et les dérivés acides stéariques.

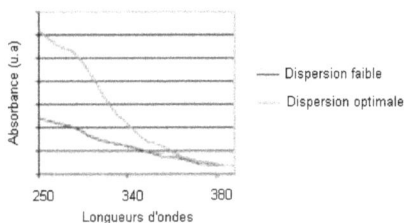

FIG. 1.39 – Exemple d'atténuation des radiations UV dépendant de la qualité de dispersion de TiO₂ [Jonestar, 2003].

1.4.2.4 Autres critères

- Une forte efficacité à une concentration appropriée et de prix économique acceptable - Absence de discoloration et de taches dans la forme originale ou des produits de transformation

- Résistance physique à la volatilisation et au lessivage

- Une toxicité correspondant aux conditions de législation et aux lois environnementales.

Chapitre 2

Matériels et méthodes

Sommaire

2.1 Choix méthodologiques

Dans le cadre du programme AUVIB, nous avons testé l'amélioration de la durabilité de la protection de surface de trois essences de bois utilisés en menuiserie industrielle (chêne, sapin et tauari) apportée par l'ajout dans la formulation d'une résine de finition commerciale de deux absorbeurs UV inorganiques de 2e génération mis au point par la société Rhodia (Rhodigard) et le laboratoire LVC de Renes (RNE FM 19 900). Nous avons cherché à comparer les performances de ces deux absorbeurs UV avec celles obtenues par l'addition des absorbeurs UV inorganiques de 1re génération (Hombitec RM 300 et Hombitec RM 400 de la société Sachtleben, oxyde de fer jaune et oxyde de fer rouge transparents de la société Sayerlack Arch Coatings) et d'absorbeurs UV organiques (Tinuvin 1130 de Sayerlack Arch Coatings et Tinuvin 5151 de Ciba). Des effets éventuels d'antagonisme et de synergie entre les composés absorbeurs UV organiques et inorganiques ont été analysés. La prise en compte des contraintes environnementales (en particulier la limitation des COV) a orienté notre choix vers des formulations aqueuses commercialisées par la société Sayerlack Arch Coatings. Ce type de finition sans solvant organique déjà bien présent en utilisation extérieure devrait se généraliser pour toutes les applications sur le matériau bois.

La problématique de la protection du bois par un revêtement de surface transparent est différente suivant que l'ouvrage est destiné à une utilisation extérieure (menuiserie) ou intérieure (parquets, ameublement) ; dans le premier cas les paramètres physico-chimiques de l'environnement qui jouent un rôle sur la dégradation de surface du bois sont essentiellement la lumière, l'oxygène, la température et l'eau alors qu'en intérieur ce sont essentiellement la lumière et l'oxygène qui doivent être pris en compte. De ce fait, nous avons utilisé deux programmes différents de vieillissement accéléré conduits sur un appareillage de type QUV commercialisé par la société Q-Panel et modifié pour le vieillissement des systèmes bois-finition par l'ajout d'un dispositif d'aspersion.

Un absorbeur UV doit protéger la finition et le bois contre la photodégradation par l'absorption des radiations dans la région UV. Ainsi, les performances de photoprotection des absorbeurs UV sont liées à leurs caractéristiques spectrales exprimées par leur absorbance qui doit être la plus élevée possible dans la bande de longueurs d'ondes à laquelle la finition ainsi que le substrat bois sont les plus susceptibles à la photodégradation. Des analyses spectroscopiques UV-visibles permettent de déduire les performances de photostabilisation. L'étude des mécanismes de la photodégradation du bois de sapin et de chêne par une lumière de type solaire avait mis en évidence le rôle important des radicaux phénoxyles formés à partir des chromophores phénoliques portés par les lignines et les substances extractibles. Il avait pu être montré que les différents processus de dégradation s'accompagnaient de la formation de ces espèces radicalaires. La spectroscopie de résonance paramagnétique électronique permet de suivre la cinétique de formation de ces radicaux et leur concentration stationnaire lors de l'exposition au rayonnement solaire. Ainsi il a pu être mis en évidence une relation entre le jaunissement du bois de sapin de Vancouver brut et la concentration en radicaux phénoxyles. Dans ce contexte, nous avons analysé par spectroscopie RPE l'influence des différents absorbeurs UV sur la formation des radicaux phénoxyles lors d'une irradiation par un rayonnement de type solaire. L'imprégnation de la surface d'un échantillon de bois de sapin ou de chêne par un absorbeur UV modifie pas la nature des radicaux formés.

Parallèlement à l'étude du vieillissement accéléré du système complet bois-finition transparente, nous avons développé une étude de l'influence de l'ajout des différents absorbeurs UV étudiés sur les caractéristiques thermomécaniques des films de finition. Nous avons analysé par analyse thermomécanique (TMA) l'influence des additifs absorbeurs UV organiques et inorganiques sur la température de transition vitreuse et sur le module d'élasticité des films durcis des finitions. Notre intérêt s'est porté sur la finition extérieure car c'est dans ces conditions d'utilisation que la souplesse du film de finition est un paramètre influençant la durabilité de la protection. En ambiance extérieure, le bois est soumis à des variations dimensionnelles importantes et le film de finition doit être suffisamment flexible pour suivre sans rupture et sans décollement les variations dimensionnelles du bois. La seconde partie de l'analyse TMA porte sur l'étude par flexion trois points de la flexibilité d'un système bois/résine obtenu en appliquant la formulation sur un placage de bois. Ce placage représente la couche supérieure d'un ouvrage massif en interaction d'une part avec les constituants de la résine de finition et d'autre part avec les paramètres physico-chimiques de l'environnement en particulier les photons du rayonnement solaire. Des analyses DSC et des essais mécaniques complémentaires aux analyses thermomécaniques ont été effectuées. Les analyses DSC ont pour objet la vérification des résultats de TMA pour la détermination de la T_g. Les essais mécaniques quant à eux nous fournissent des informations sur les propriétés mécaniques des films de finition et en particulier les valeurs ultimes comme la force et la déformation de rupture.

2.2 Matériels et traitements

2.2.1 Echantillons de bois

Des plaquettes de bois carrées mesurant 25 à 30 mm (longitudinal×tangentiel)×6 mm d'épaisseur (radial) ont été découpées dans les trois essences de bois de menuiserie suivantes : sapin, chêne et tauari. Ces plaquettes ont été utilisées pour réaliser les tests de vieillissement artificiel.

2.2.2 Finitions

Nous avons utilisé trois types modèles de finitions aqueuses commerciales (Sté Sayerlack). Ces finitions ne contiennent aucun absorbeur UV, ni fongicide. Elles ont été appliquées en deux couches par brossage manuel. Un séchage à l'air ambiant a été ensuite effectué pendant au moins une semaine avant de commencer les essais sur ces systèmes de finition.

Une description est donnée en annexes par des fiches techniques correspondantes.

2.2.2.1 Finition d'extérieur de type acrylique

Finition phase aqueuse thioxotropique extérieure (SC 2321/85) : utilisable pour tous les ouvrages et menuiseries en bois exposés à l'extérieur, cette finition est prête à l'emploi mais il est possible de la diluer à l'eau (5 à 8%) si nécessaire. Le séchage pour $200g/m^2$ à l'air libre prend 2 heures hors poussières, 8 heures sec au toucher, 24 heures empilable et 24 heures recouvrable. Le nombre de couches appliquées est 2×150 à 300 μm.

2.2.2.2 Finitions d'intérieur de type polyuréthane acrylate

1. Finition Hydroplus bicouche à l'eau (AF 7240) : destinée aux portes et meubles intérieurs, à divers bois tournés, aux panneaux de bois muraux, éventuellement aux escaliers (trafic modéré), cette finition est prête à l'emploi mais peut être éventuellement diluée à l'eau pour une application à la brosse. Le séchage à l'air libre prend 30 minutes hors poussière, 1 heure manipulable et 24 heures empilable. Le nombre de couches appliquées est 2 pour 80 à 140 g/ m².

2. Vernis pour parquets à l'eau (AF 5350) : c'est un vernis bicouche en phase aqueuse transparent, prêt à l'emploi, à diluer à 10% d'eau pour une application au pinceau. Après 3 à 4 heures, le produit est égrenable avec un papier abrasif 220-240 et peut recevoir une seconde couche.

2.2.3 Absorbeurs UV

Comme les vernis choisis sont en phase aqueuse, nous avons utilisé des absorbeurs UV pour systèmes aqueux. Six absorbeurs UV (4 absorbeurs UV minéraux et 2 organiques) ont été introduits dans les finitions utilisées :

2.2.3.1 Absorbeur UV inorganiques

RNE (FM 19 900) : nouveau produit inorganique en poudre de formule chimique $Y_{1,2}Ce_{2,8}O_{7,4}$, il a été synthétisé par notre partenaire du projet, le laboratoire LVC de Rennes. Cet absorbeur est décrit dans la section 3.

Rhodigard : il s'agit d'un additif UV minéral (code du produit JJ 0495) pour les finitions aqueuses. C'est un liquide verdâtre à base d'oxyde de cérium CeO_2 fourni par Rhodia.

Hombitec : produit pâteux inorganique de couleur ocre, il est constitué d'un mélange d'oxyde de titane TiO_2, d'eau, d'additifs réticulés et d'agents anti-moussants. Cet absorbeur UV est utilisé sous ses deux formes Hombitec RM 300 et Hombitec RM 400.

Oxyde de fer rouge et jaune transparents.

Des données supplémentaires sur ces absorbeurs UV sont présentées dans l'annexe.

2.2.3.2 Absorbeurs UV organiques

Tinuvin 1130 : Cet absorbeur organique fourni par Arch coatings se présente sous la forme d'un liquide visqueux à base de 2-hydroxyphenyl triazole.

Tinuvin 5151 : Spécialement développé par Ciba pour les finitions transparentes, cet absorbeur UV est un liquide visqueux qui peut être dispersé dans les finitions aqueuses. La concentration recommandée pour les finitions du bois est de 2 à 5% (la concentration est basée sur le % de masse solide du liant de la finition).

Les absorbeurs UV utilisés dans cette étude sont listés dans le tableau (TAB. 2.1). A part l'absorbeur UV RNE, tous les absorbeurs UV ont été fournis dispersés en phase aqueuse.

TAB. **2.1** – Absorbeurs UV utilisés.

Type	Code	Absorbeur UV	Génération	Société
Inorganique	RNE	RNE FM 19900	2	LVC
	A	Rhodigard	2	Rhodia
	B	Hombitec RM 300	1	Sachtleben
	C	Hombitec RM 400	1	Sachtleben
	D	Oxyde de fer jaune	1	Sayerlack
	E	Oxyde de fer rouge	1	Sayerlack
Organique	F	Tinuvin 1130	1	Ciba Chemicals Speciality
	G	Tinuvin 5151	1	Ciba Chemicals Speciality

2.2.4 Produit de prétraitement

Nous avons utilisé un produit de prétraitement du bois, le LIGNOSTAB^{TM} 1198, fourni par la société Ciba Chemicals Speciality. Ce produit est destiné à stabiliser les lignines du bois et pourrait offrir une protection efficace et durable des revêtements contre les UVA. Le LIGNOSTAB^{TM} 1198 est un dérivé de stabilisant type amine encombrée qui se présente sous forme de copeaux orangés. C'est un produit soluble dans l'eau et dans les solvants polaires (alcools, glycols, acétates etc.).

Dans notre travail, nous avons utilisé ce produit dans de l'eau pure à hauteur de 2% suivant les recommandations du fournisseur. Il a été appliqué à l'aide d'une brosse sur le bois naturel comme un prétraitement avant vernissage.

2.3 Absorbeur UV de 2ᵉ génération : synthèse, caractérisation et dispersion

Nous présentons dans cette section les étapes pour synthétiser l'absorbeur UV inorganique (synthèse réalisée par notre partenaire, le groupe LVC de Rennes) que nous avons testé dans notre travail : l'absorbeur UV inorganique RNE FM 19900.

2.3.1 Objectifs

L'objectif de notre étude est de mettre au point un anti-UV de 2ᵉ génération, efficace dans toute la gamme de longueurs d'onde UV et qui ne doit pas diffuser la lumière visible. La qualité première d'un bon candidat est donc d'absorber toutes les radiations de longueur d'onde inférieure à 400 nm et de transmettre tout rayonnement de longueur d'onde supérieure. Nous avons privilégié dans notre démarche l'étude de domaines de solutions solides de type fluorine dans lesquels la modification progressive de la composition entraîne une évolution continue de la propriété étudiée. Par substitution cationique dans les systèmes retenus, il est possible de déplacer et de positionner le bord d'absorption exactement à 400 nm (FIG. 2.1).

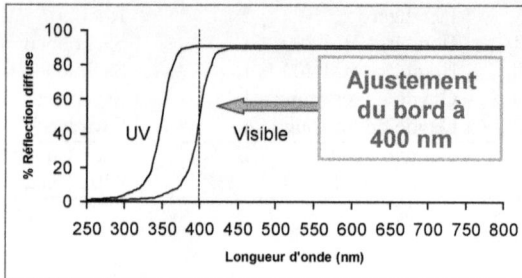

FIG. 2.1 – Positionnement du bord d'absorption à 400 nm par modification progressive de la composition.

Les propriétés non photocatalytiques des composés retenus ont été testées en partenariat avec le laboratoire LIMPH de façon à éviter toute dégradation de la matrice organique (bois) liée à la génération, sous irradiation UV, d'espèces oxydantes de surface. Des compositions intéressantes dans les domaines de solutions solides de structure fluorine, utilisant la cérine CeO_2 comme terme limite ont été mises en évidence. La structure fluorine présente l'intérêt d'une grande souplesse de substitutions anioniques et cationiques. L'attention s'est portée plus particulièrement sur des matériaux de faible indice de réfraction de façon à s'affranchir des nanoparticules, le cahier des charges stipulant la mise au point de compositions à faible indice n, transparentes dans le visible et absorbant les UV, de taille micronique, stables dans l'eau. Des compositions proches de CeO_2 ne comportant pas de métal de transition ont été recherchées, en travaillant dans le domaine de solution solide $CeO_2Y_2O_3$ (ou $Y_xCe_{1-x}O_{2-x/2}$). Deux domaines de solutions solides caractérisent ce système : le premier de type fluorine entre CeO_2 et $Y_2Ce_2O_7$, le second de type C (bixbyite) plus riche en Y_2O_3. La phase $Y_2Ce_2O_7$ a été retenue pour son bord d'absorption positionné également à 400 nm. La synthèse de phases proches de la composition $Y_2Ce_2O_7$ (x=0,5) a été étendue à des compositions moins riches en yttrium, notamment x=0,3 ($Y_{1,2}Ce_{2,8}O_{7,4}$) nommé RNE, de façon à limiter la formation d'une phase de type C.

Nous nous intéressons à ce composé inorganique ($Y_{1,2}Ce_{2,8}O_{7,4}$) : RNE FM 19 900.

2.3.2 Méthodes de synthèse

2.3.2.1 Voie de synthèse en poudre

Trois modes opératoires ont été utilisés pour la synthèse en poudre de ce produit et sont décrits ci-dessous :

Méthode citrate

La voie citrate est basée sur la méthode de complexation-calcination à partir des nitrates commerciaux $R(NO_3)_{3,6}H_2O$ (R=Y, Ce) à l'aide d'un agent complexant, l'acide citrique $C_6H_8O_7$. D'une façon générale, une étape de chauffage réalisée à haute température (900/1000°C) se traduit par un redressement du bord d'absorption et apporte ainsi une sélectivité accrue de l'absorbeur UV.

Méthode glycine nitrate

C'est une méthode d'autocombustion à partir de solution de nitrate de terres rares avec l'utilisation d'un agent complexant moins carboné la glycine NH_2CH_2COOH. Les températures de chauffage pour cette voie sont moins élevées que celles de la méthode citrate.

Méthode HMT

Une autre voie de préparation mettant en jeu de l'hexaméthylènetétramine $C_6H_{12}N_4$ (HMT) comme agent précipitant a été développée avec l'objectif d'obtenir des poudres de granulométrie plus fine pour faciliter leur dispersion en solution. Au cours de la synthèse, une solution d'HMT molaire est ajoutée à une solution de nitrates commerciaux contenant les éléments Y et Ce dans les proportions stœchiométriques souhaitées. Cette amine se décompose lentement en ammoniaque et a permis de faire précipiter l'oxyde ternaire $Y_{1,2}Ce_{2,8}O_{7,4}$ désiré. Cette méthode aboutit à une distribution plus fine de la taille de particules.

2.3.2.2 Voie colloïdale

Un protocole de synthèse a été développé en utilisant la voie colloïdale pour obtenir directement une suspension nanométrique de composition $Y_{1,2}Ce_{2,8}O_{7,4}$.

Cette synthèse se fait à température ambiante en présence de nitrates de cérium et d'yttrium comme agents précurseurs, d'ammoniaque comme agent précipitant et d'un agent peptisant, l'acide nitrique.

La suspension obtenue présente l'avantage de pouvoir être mélangée directement avec le vernis de façon homogène. Le bord d'absorption reste localisé autour de 400 nm.

2.3.3 Caractérisation

Pour la caractérisation de cet absorbeur UV, des analyses structurales et spectrales ont été menées à l'aide d'analyse de diffraction des rayons X, d'analyses spectroscopiques $(\lambda, \Delta\lambda)$, énergie de gap optique Eg (FIG. 2.2) et granulométrie.

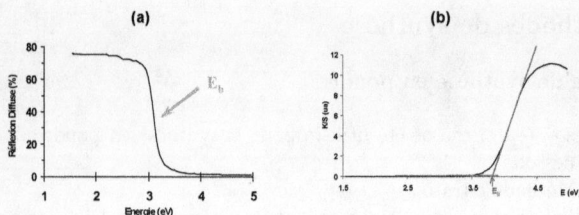

FIG. 2.2 – Spectre Détermination du gap optique : Spectre de réflexion diffuse avant (a) et après (b) transformation de Kubelka-Munk.

2.3.4 Dispersion

Pour disperser l'absorbeur UV RNE (en poudre) dans un produit aqueux ne contenant pas d'autres absorbeurs (tels que les vernis utilisés dans cette étude), nous avons procédé comme suit :

    - 20 g de billes en verre de 1 mm de diamètre sont ajoutés à 199 g de produit liquide préalablement pesé .

    - Ce mélange est ensuite homogénéisé sous agitation moyenne

    - L'absorbeur UV en poudre est rajouté lentement dans le mélange sous agitation, cette dernière étant maintenue pendant un minimum de 6 h.

    - Le mélange est ensuite pesé et la masse corrigée par un rajout d'eau pour compenser l'évaporation.

    - Une lamelle porte-objet est trempée dans ce produit, séchée et examinée. Si la répartition de la taille n'est pas suffisamment régulière, le produit est remis sous agitation pendant 3 h supplémentaires.

    - Un nouveau constat de répartition est alors réalisé. Le produit ainsi préparé est applicable sur le bois et sert aux différents tests.

2.4 Tests et évaluations

2.4.1 Tests photocatalytiques

Ces tests photocatalytiques ne concernent que le nouvel absorbeur UV RNE FM 19 900 qui est en cours de synthèse dans ce projet. Ces tests ont été menés par nos partenaires de projet (LIMPH de Villetanneuse). En un premier temps, des mesures de TRMC (Time Resolved Microwave Conductivity) sont entreprises. Ces mesures permettent d'estimer le nombre et la durée de vie des porteurs de charge indispensables pour une activité photocatalytique. Comme illustré sur la figure FIG. 2.3 (a), cette méthode sans contact permet de déterminer la variation temporelle de conductivité de l'échantillon par mesure de la variation d'absorption des micro-ondes suite à l'exposition de l'échantillon à un laser pulsé. La variation de conductivité est directement liée à la variation du nombre de porteurs de charge.

En un second temps, l'activité photocatalytique des absorbeurs est testée dans une réaction modèle : la photodégradation du phénol dans l'eau.

Le montage est illustré sur la figure FIG. 2.3 (b). L'absorbeur est dispersé dans une solution aqueuse de phénol. La suspension est ensuite éclairée par une lampe UV et des prélèvements à intervalles réguliers permettent, par spectroscopie UV-Visible de suivre l'évolution de la concentration du phénol.

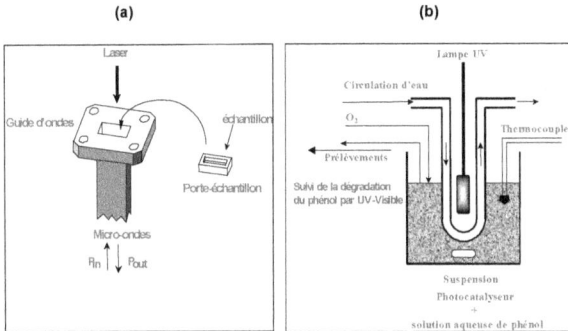

FIG. 2.3 – Tests photocatalytiques (a) : Méthode de mesure TRMC (b) : Photodégradation du phénol dans l'eau

L'interprétation des résultats précédents permet ensuite d'effectuer une première sélection dans les absorbeurs testés. Ainsi, ceux qui présentent une activité photocatalytique dans la dégradation du phénol présenteront immanquablement une activité dans la dégradation des phénols du bois ou des composants des vernis et lasures. Ils ne seront pas testés plus avant. En revanche, les absorbeurs UV non photocatalytiques à ce stade, sont testés dans d'autres conditions plus appropriées à leur emploi éventuel dans les finitions. Ainsi, 3 types de tests photocatalytiques sont entrepris :

1 - La dégradation des phénols du bois.

2 - La dégradation de composés modèles du bois (quercétine, catéchine, acides gallique et ellagique etc).

3 - La dégradation de composés modèles de vernis et lasures

2.4.2 Tests vieillissement

Comme nous l'avons déjà mentionné, nous avons utilisé deux programmes différents de vieillissement accéléré dans un appareillage de type QUV commercialisé par la société Q-Panel et modifié pour le vieillissement des systèmes bois-finition par l'ajout d'un dispositif d'aspersion (FIG. 2.4) :

- Le premier est une simulation d'une utilisation intérieure : deux finitions aqueuses commerciales de type polyuréthane acrylate ont été appliquées : AF 7240 (ameublement) et AF 5350 (parquets). Seule la lumière de type solaire a été activée sur le QUV

71

avec des sources de type UVA-340 nm et un éclairement énergétique de 0,68 W/m². Dans ces conditions, la température au niveau de l'échantillon est d'environ 60°C. Nous avons vérifié par un chauffage en étuve à l'obscurité qu'une telle température ne provoque pas une modification significative de la couleur en surface d'un échantillon de bois non verni.

- Le second est une simulation d'une utilisation extérieure : Nous avons appliqué une finition acrylique dans sa formulation commerciale (SC 2321/85 Sayerlack Arch Coatings) qui est préconisée pour les menuiseries de bois exposés à l'extérieur. Nous avons accéléré le vieillissement en répétant un cycle (TAB. 2.2) mis au point au CTBA sur le QUV : durée du cycle complet : 168 heures avec 24 heures de condensation et 48 fois (2,5 heures d'irradiation UVA 340 nm à 60°C et 0,5 heure d'aspersion).

TAB. 2.2 – Programme de cycles de vieillissement.

Etape	Fonction	Température	Durée	Remarques
1	Condensation	45 °C	24	
2	Subcycle étape 3+4		48×	
3	UV	60 °C	2.5h	UVA-340nm
4	Aspersion		0,5h	6-7 litres/min, Lampes éteintes
5	Aller à l'étape 1			
Total (1cycle) 168 h. Répétition de cycle = 4 (i.e. 4 semaines).				

Ce test a été optimisé par une étude menée par le CTBA en coordination avec dix laboratoires de recherche [Podgorski et al, 2003]. Pour compenser toute variabilité dans l'uniformité des UV, nous suivons une rotation de la position des échantillons par le déplacement de ceux des extrémités gauches et droites vers une position au centre. Cette opération se fait une fois par semaine (ou à des intervalles équivalents à 1/6 de la durée du test de vieillissement).

Différents capteurs du vieillissement ont été utilisés : variation de couleur, apparition de craquelage, appréciation de l'apparence générale.

Petite parenthèse en ce qui concerne la quantification de la couleur :

Pour quantifier la couleur, les coloristes ont mis au point différents systèmes à partir de la mesure des valeurs tristimulaires à l'aide d'un spectrocolorimère. Le plus utilisé est le système CIEL*a*b* : dans cet espace de représentation des couleurs, un point est repéré dans un système cartésien défini par la luminance L* qui varie de 0 (noir) à 100 (blanc) et par les coordonnées a* et b* qui définissent le plan de chromaticité [a*,b*] et correspondent respectivement aux deux couples de couleurs complémentaires rouge-vert et bleu-jaune (FIG. 2.5).

Cet espace est construit de façon à être uniforme ce qui permet de quantifier l'écart global de couleur $\Delta E*$ par la mesure de la distance cartésienne séparant deux points de couleur (2.1) :

$$\Delta E* = [\Delta L*^2 + \Delta a*^2 + \Delta b*^2]^{1/2} \qquad (2.1)$$

Avec $\Delta L*$ écart de clarté, $\Delta a*$ et $\Delta b*$ écarts chromatiques. Ce système a souvent été utilisé pour mesurer la couleur initiale d'un bois ou pour suivre les modifications de la

FIG. 2.4 – Appareil de vieillissement au QUV

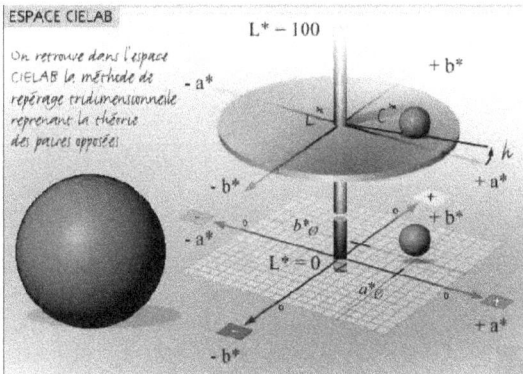

FIG. 2.5 – Espace CIEL*a*b* de quantification de couleur

couleur du bois après un traitement par exemple au cours d'un vieillissement photochimique. Le système CIE L*C*h* qui dérive du précédent par passage des coordonnées cartésiennes aux coordonnées cylindriques dans le plan de chromaticité permet de définir des coordonnées plus représentatives d'un point de couleur : il s'agit de C* et h* dont les équations sont respectivement (2.2) et (2.3) :

$$C* = [a*^2 + b*^2]^{1/2} \tag{2.2}$$

C* caractérise la saturation et correspond à la distance du point de couleur au centre du plan de chromaticité ;

$$h* = \arctan[b*/a*] \tag{2.3}$$

h* définit l'angle de teinte. Cet angle de teinte renseigne sur le ton de la couleur alors que la saturation moyenne quantifie la pureté de la teinte.

Nous avons utilisé le spectrocolorimètre portable de la société Dr Lange GmbH (FIG. 2.6), équipé d'une sphère d'intégration adaptée pour étudier la réflexion d'objets dans le domaine du visible. La lumière polychromatique assurée par une lampe halogène haute pression est émise sur l'échantillon et la lumière réfléchie sous un angle de 8° par la surface est analysée par un logiciel d'exploitation qui permet le calcul des divers paramètres suivant l'illuminant, l'angle d'ouverture de vision et de système de représentation choisi. L'étalonnage est effectué toutes les 24 heures avec un étalon blanc (LZM 268) et un noir (LZM 270).

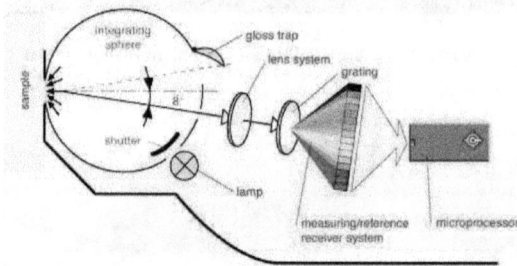

FIG. 2.6 – Schéma de principe du spectro-colorimètre

Pour quantifier l'évolution de la couleur de nos échantillons de bois au cours de la photodégradation (photovieillissement), nous avons choisi
    - l'illuminant D65 qui correspond à la lumière naturelle de jour.
    - le système CIEL*a*b* 1976 qui est le plus adapté pour évaluer la différence de couleur.
        - le champ d'observation standard de 10° qui correspond le mieux à la comparaison visuelle de deux échantillons.
    L'évaluation de l'apparence générale a été faite quant à elle par impression visuelle globale (notation subjective de 0 à 5).
    L'évaluation du degré de craquelage a été faite par une observation visuelle selon la norme ISO 4628/4 (FIG. 2.7)

2.5 Méthodes analytiques

2.5.1 Analyse thermomécanique

Les finitions organiques sont viscoélastiques par nature, les propriétés physicomécaniques, particulièrement l'élasticité et la température de transition vitreuse T_g sont des

ISO 4628/4-1982 (F)

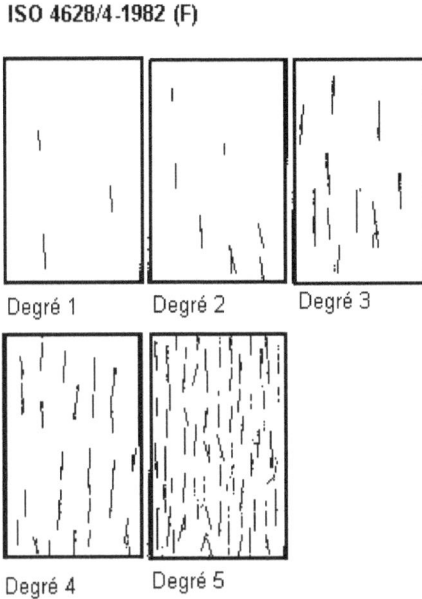

Degré 1   Degré 2   Degré 3

Degré 4   Degré 5

FIG. 2.7 – Evaluation du degré de craquelage selon la norme ISO 4628/4.

paramètres importants qui permettent de prévoir les performances d'une finition [Ashton, 1980 ; Gupta et Seyler, 1994]. La T_g et le module d'élasticité sont des propriétés fondamentales puisqu'elles sont liées à la structure des polymères amorphes (poids moléculaire, degré de branchement, degré de réticulation, plastification, polarité des constituants ...) [Podgorski et al,2004].

L'analyse thermomécanique est une technique d'analyse du comportement physico-mécanique des matériaux à une température donnée. Nous nous proposons par cette analyse d'étudier l'effet de l'ajout des absorbeurs UV dans les formulations sur les caractéristiques physicomécaniques des films de finition ou des composites bois/finition.

2.5.1.1 Descriptif de l'appareillage

Un analyseur thermomécanique (FIG. 2.8) permet de mesurer les variations dimensionnelles d'un échantillon placé dans un environnement thermiquement contrôlé. Suivant la méthode de mesure utilisée (compression, pénétration, traction ou flexion), et suivant la charge appliquée (statique ou dynamique), il est possible de déduire les comportements relatifs à la variation dimensionnelle. Celle-ci peut en effet traduire le coefficient d'expansion thermique, la température de transition vitreuse ou de ramollissement, la viscosité, le module de Young. L'appareil utilisé dans cette étude est un analyseur thermomécanique Mettler TMA SDTA 840, relié à un processeur TC11 et à un ordinateur, ce qui permet d'enregistrer le thermogramme obtenu pour un traitement ultérieur des données expérimentales.

L'échantillon est placé sur un porte échantillon en quartz, un four entourant l'ensemble. La température, programmable, peut varier de la température ambiante à 1000°C, avec une montée en température maximale de 100°C/min. Grâce à une sonde de mesure, on suit la variation dimensionnelle de l'échantillon. Un transducteur différentiel convertit celle-ci en un signal électrique. Le noyau du transducteur est, en effet, directement relié à la sonde de mesure, chaque variation en longueur (en traction) ou en épaisseur (en compression, pénétration ou flexion) provoque ainsi un décalage du noyau par rapport à la bobine et génère alors un signal électrique proportionnel à la variation dimensionnelle.

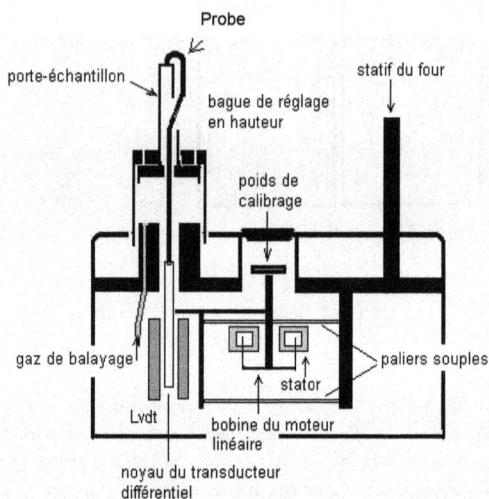

FIG. 2.8 – représentation schématique de l'appareil TMA.

La force d'application maximale à l'intérieur de l'appareil est limitée à 0,5 N, ce qui correspond à un poids d'application de 50 grammes. Il est possible d'augmenter cette charge en surchargeant le poids de calibrage, chaque gramme supplémentaire appliqué accroissant la force d'application de 0,01 N. La charge maximale tolérée est de 100 grammes, soit 1 N.

Cette force appliquée peut se décomposer en une composante dynamique et une composante statique sans surcharge du poids de calibrage, la somme de ces deux composantes ne doit pas excéder 0,5 N Ainsi, à une composante statique, c'est-à-dire permanente, peut se superposer une composante dynamique, s'additionnant et se soustrayant de la composante statique avec une période de 6 secondes, fixée par l'appareillage. Cet arrangement expérimental se nomme : charge d'application dynamique (DLTMA) et peut fournir des informations sur le comportement viscoélastique ou élastique du matériau.

2.5.1.2 TMA en mode tension

Une plaque de Téflon comportant des rainures de 0,2 mm de profondeur a été utilisée pour la préparation de films libres de finition. Des échantillons rectangulaires de dimensions 6×10 mm ^{2} pour une épaisseur de 0,13±0,03 mm ont été coupés dans le film à l'aide d'un dispositif approprié. Les analyses TMA en mode tension ont été conduites en mode dynamique de 25 à 150°C à une vitesse de 10°C/mn. Une charge dynamique de 0,1 à 0,5 N a été appliquée par la sonde mobile sur une période de 12 secondes. La réponse du dispositif de tension lors d'une mesure sans échantillon montre la nécessité de corriger la variation de longueur enregistrée lors d'un essai. Pour cela, nous avons effectué une courbe à blanc (essai sans échantillon), qui est soustraite automatiquement des courbes étudiées.

A l'aide du logiciel STARe Option TMA, plusieurs évaluations thermomécaniques peuvent être effectuées. Nous nous intéressons dans ce qui suit à deux propriétés physico-mécaniques importantes pour la caractérisation des finitions : la température de transition vitreuse (T_g) et le module d'Young.

■ Tous les polymères semi-cristallins et par conséquent tous les films de finition présentent une singularité dans les thermogrammes représentant l'évolution du module d'élasticité en fonction de la température. Le processus global est appelé "transition vitreuse" et il marque une zone de température correspondant au passage de l'état vitreux à l'état caoutchouteux [Schmid, 1999]. Le début de la transition est considéré comme la température de transition vitreuse de symbole "T_g", déterminée à partir de l'"onset point " sur la courbe température en fonction de l'élongation : c'est le point d'intersection des tangentes (FIG. 2.9)[Gupta et Seyler, 1994]. Toutes les tangentes sont calculées à partir de la courbe de mesure en utilisant une approximation polynomiale de plus de neuf points selon la théorie de Savitzky et Golay par le logiciel STARe de TMA/SDTA 840. Les tangentes sont tracées après lissage de la courbe initiale pour une meilleure évaluation. Les résultats sont les moyennes d'au moins 3 à 5 courbes.

■ Voici la formulation du module d'Young E du film de finition qui sera calculé :

$$E = \frac{\Delta F \times L0}{A \times \Delta L} \tag{2.4}$$

Avec E : module d'Young [N/mm²]

ΔF : Différence entre les forces définies dans la méthode (0,5 - 0,1 = 0,4 N dans nos essais) [N]

L0 : longueur d'échantillon [mm]

A : surface d'échantillon (surface transversale : épaisseur*largeur)

ΔL : changement de longueur (charge alternative) [mm]

Ce module est calculé automatiquement selon les normes ASTM via le logiciel Stare, option TMA.

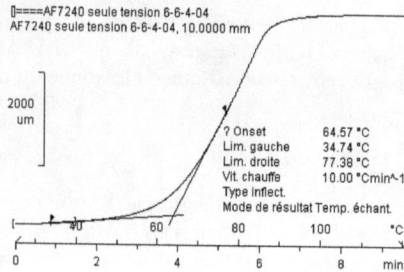

FIG. 2.9 – Exemple de détermination de la température de transition vitreuse T_g.

2.5.1.3 TMA en flexion trois points

L'essai de flexion trois points sert à déterminer le module d'élasticité (E) d'une éprouvette composite à base de bois couvert d'une couche de finition. Les échantillons sont préparés avec les dimensions suivantes : épaisseur (a) 0,5 - 0,8 mm, largeur (b) 5 -6 mm et de longueur supérieure à 10 mm.

La distance entre les appuis (d) est maintenue constante et de 10 mm. Les mêmes conditions (charge, vitesse de chauffe et période) ont été utilisées. Voici la formulation de la grandeur du module d'Young du composite bois/finition qui sera calculée :

$$E = \frac{\Delta F \times d^3}{4 \times \Delta L \times b \times a^3} \tag{2.5}$$

Avec E : module d'Young [N/mm²]

ΔF : difference entre les forces définies dans la m,éthode (0,5 - 0,1 = 0,4 N dans nos essais) [N]

d : longueur de la portée du support : distance entre les parties du support (10 mm dans notre cas) [mm]

ΔL : variation de longueur (entre charge alternative) [mm]

b : largeur d'échantillon [mm]

a : épaisseur d'échantillon [mm]

2.5.2 Analyses DSC

L'Analyse Enthalpique Différentielle (AED) ou, en anglais, Differential Scanning Calorimetry (DSC) est une technique d'analyse thermique qui mesure la variation du flux de chaleur entre un échantillon et une référence soumis à un même programme de température. Il est possible avec cette technique de mesurer des T_g. La mesure s'effectue sur quelques milligrammes de finition prélevés directement sur le bois à l'aide d'un scalpel. On obtient alors un thermogramme comme représenté sur la Figure FIG. 2.10.

Sur ce thermogramme, la zone d'inflexion correspondant à la transition vitreuse est caractérisée par trois points :

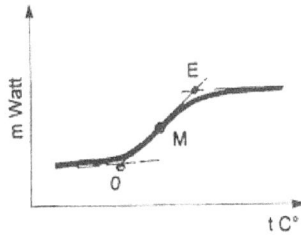

FIG. 2.10 – Détermination de la température de transition vitreuse par DSC

- le point O (onset-point) correspond au début du ramollissement du polymère,
- le point M (midpoint) indique le milieu de la zone de transition vitreuse,
- le point E (endpoint) correspond au passage à l'état élastique.

Nous avons utilisé cette méthode pour conforter les résultats obtenus par TMA mais des différences dans les valeurs de T_g déterminées par l'une ou l'autre méthode peuvent être observées dues aux conditions opératoires mises en œuvre [Podgorski et Merlin, 2001].

2.5.3 Essais mécaniques

Les expériences ont été menées avec un appareil Karl Frank GMBH type 81105 pour des essais mécaniques en mode traction (FIG. 2.11).

Les échantillons d'épaisseur 0,1 à 0,16 mm sont découpés avec un cutter en bandes de 17 à 20 mm de largeur et d'au moins 100 mm de longueur (éprouvette type 2). La distance initiale entre mâchoires est fixée à 85 mm.

Les films de finition ont été testés à une vitesse de 50 mm/min. L'appareil est doté d'une table traçante qui permet de tracer la courbe : Force = f (élongation du film). L'essai s'arrête dès la chute de la valeur de la force de traction (ou rupture du film) et la force de rupture ainsi que la déformation maximale sont enregistrées.

Des essais préliminaires ont été effectués pour le choix de la longueur initiale entre les mâchoires (ajustement de la limitation inférieure de déplacement) et le choix d'une échelle convenable pour la force et la déformation du film.

2.5.4 Analyses RPE

La spectroscopie RPE apparaît comme une méthode de détection et de dosage des espèces radicalaires en solution comme en phase solide :

- La détection d'un signal RPE prouve la présence d'électrons non appariés et donc confirme la participation de mécanismes radicalaires dans une transformation chimique.

- La méthode est très sensible (limite inférieure de détection de l'ordre de 10-8 mol/L en espèces radicalaires).

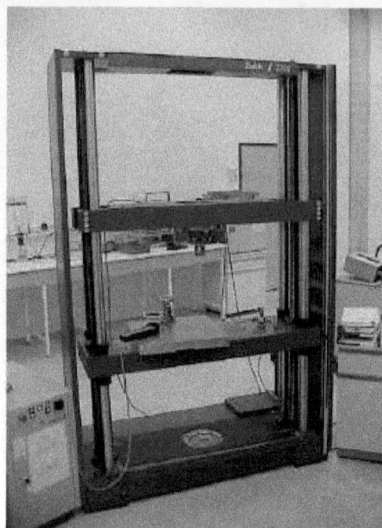

Fɪɢ. 2.11 – Appareil des tests mécaniques

- L'intensité de la bande d'absorption est proportionnelle à la concentration en radicaux.

De ce fait, la spectroscopie RPE est particulièrement bien adaptée au suivi des cinétiques de formation d'espèces radicalaires lors de la dégradation (photochimique, thermique etc.) ou lors de traitement des polymères dans différentes conditions expérimentales. Cette technique permet également une approche plus fondamentale des mécanismes des processus radicalaires en analysant la structure hyperfine. Cette structure hyperfine a pour origine l'interaction du moment magnétique de l'électron non apparié avec le moment provoqué par la présence d'autres charges électriques voisines de spin non nul telles que les noyaux. L'existence de cette structure hyperfine permet d'identifier la structure des espèces radicalaires et de donner des informations sur leur réactivité.

2.5.4.1 Appareillage

Nous avons utilisé un spectromètre RPE Brüker de type ER 200D fonctionnant en bande X dont la fréquence , de l'ordre de 9,5 GHz (correspondant à une longueur d'onde = 3 cm : domaine des micro-ondes) exige pour l'électron libre un champ magnétique externe H voisin de 3400 gauss (Fɪɢ. 2.12). Les éléments fondamentaux d'un spectromètre RPE comprennent une source de radiation électromagnétique, une cellule pour l'échantillon et un détecteur mesurant l'absorption de la radiation à travers l'échantillon (Fɪɢ. 2.13). Le champ magnétique externe est fourni par un électroaimant opérant entre 1000 et 6000 gauss et le générateur de micro-ondes assuré par un oscillateur Klystron de fré-

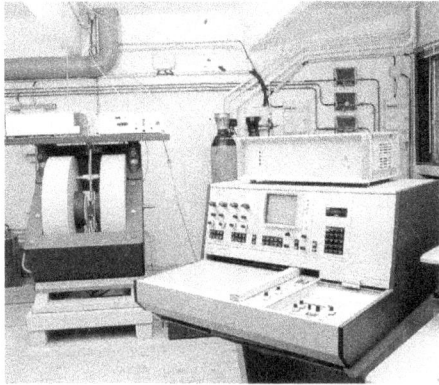

FIG. 2.12 – Le spectromètre RPE BRUKER ER 200D

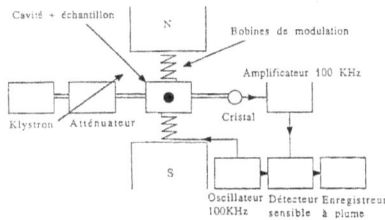

FIG. 2.13 – Schéma simplifié d'un spectromètre RPE

quence comprise entre 9 et 10 GHz fournit le rayonnement d'analyse. La micro-onde est guidée à travers un tube métallique rectangulaire (guide d'onde) vers une cavité résonante placée dans l'entrefer de l'électroaimant et dans laquelle est introduit un tube échantillon. L'énergie de la micro-onde dans la cavité est contrôlée par un détecteur à cristal pour lequel les variations de courant correspondent aux variations d'énergie de la micro-onde dues à l'absorption par l'échantillon paramagnétique. Le signal du détecteur, après amplification et asservissement au balayage du champ magnétique externe, est enregistré et traité par une station de calcul de type Stellar.

En fixant la fréquence ν de la micro-onde, on balaie le champ magnétique externe jusqu'à la valeur H0 satisfaisant à la condition de résonance où la relation $h\nu = g\mu_\beta H_0$ est vérifiée (avec H_0 l'intensité du champ magnétique externe, μ_β le magnéton de Bohr et g le facteur de Landé). La micro-onde est alors absorbée par l'échantillon et on note une variation de courant du détecteur à cristal. L'ajout autour de la cavité d'une paire de bobines d'Helmoltz alimentées par un oscillateur de fréquence 100 KHz (l'intensité de ce champ est fixée par la modulation de champ) améliore considérablement la sensibilité de la détection de telle sorte que le signal reçu par le détecteur est proportionnel à la pente de la courbe d'absorption. Le signal enregistré correspond alors à la dérivée première de la bande d'absorption.

Grâce à une cavité à transmission optique, nous pouvons soumettre l'échantillon à une irradiation directe au cours de la mesure par le rayonnement émis par une lampe à vapeur de xénon (type Osram XBO 1000 W) émettant un flux photonique intense de l'ordre de 30 mW/cm^2 à 365 nm au niveau de l'échantillon. Le spectre d'émission UV-visible de ce type de lampe est comparable au spectre du rayonnement solaire en surface de la terre.

2.5.4.2 Conditions d'analyse

Les échantillons de bois ont été conditionnés sous forme de bâtonnets de dimensions $3 \times 3 \times 35$ mm. Afin d'obtenir des résultats reproductibles, nous nous sommes fixés certains paramètres expérimentaux comme la puissance de la micro-onde, la modulation de champ, la constante de temps et la vitesse de balayage. Les échantillons de bois ont été analysés à température ambiante et à l'air dans des tubes en quartz transparents à la totalité du spectre émis par la lampe à vapeur de xénon dans le domaine UV-visible. Ces conditions opératoires avaient été optimisées dans des études précédentes du suivi par RPE de la photodégradation de différentes essences de bois [Mazet et al, 1993] et des lignines isolées [Kamoun et al., 1999]. Les positions des signaux RPE sont exprimées par le facteur de Landé g qui a été déterminé par comparaison au spectre du radical libre DPPH˙ (diphénylpicrylhydrazyle) en phase solide. Les variations relatives des concentrations en espèces radicalaires ont été suivies par mesure de la hauteur du signal RPE. Les courbes représentant les évolutions des concentrations en espèces radicalaires ont été modélisées par un programme informatique de lissage Origin 6.0 et les expressions analytiques des fonctions décrivant ces courbes ont été calculées en minimisant la somme des carrés des écarts entre la courbe dérivée et le nuage des points expérimentaux.

2.5.5 Spectroscopie UV-visible

Les spectres UV-visible des films de finition ont été tracés à l'aide d'un spectrophotomètre UV-visible Lambda 16 Perkin Elmer. Le but de cette étude spectroscopique est l'évaluation qualitative de l'atténuation du rayonnement UV traversant le film transparent de finition par l'ajout des différents absorbeurs UV. Les mesures ont été effectuées sur des films libres de finition ramenés à la même épaisseur en utilisant la formule de Beer et Lambert (2.6) :

$$A = \log(I0/I) = \epsilon \times c \times d \tag{2.6}$$

Où A désigne l'absorbance, $I0$, I l'intensité de la lumière incidente et transmise respectivement, ϵ le coefficient d'absorption molaire de l'absorbeur UV en $Lmol^{-}1$ $cm^{-}1$, c la concentration de l'absorbeur UV en $moll^{-}1$, et d l'épaisseur du film en cm.

Chapitre 3

Résultats et discussions

3.1   Caractérisation et utilisation des absorbeurs UV

3.1.1   Nouvel absorbeur UV de 2e génération

Nous nous intéressons au composé inorganique $Y_{1,2}Ce_{2,8}O_{7,4}$: RNE FM 19 900 qui a été synthétisé par le laboratoire des verres et des céramiques LVC de Rennes. Il sera appelé RNE par la suite.

3.1.1.1   Analyses structurales et spectrales

Les critères de sélection d'un absorbeur de rayonnement UV sont :

1. La possibilité d'absorber des longueurs d'onde à partir de 400 nm ($\simeq$ 3,1 eV).

2. De présenter une sélectivité forte (faibles valeurs de ϵ) :
   - Pour $\lambda+\lambda\epsilon>$ 400nm, le matériau doit transmettre la lumière visible.
   - Pour $\lambda+\lambda\epsilon<$ 400nm, le matériau doit absorber la lumière UV.

Pour être transparent, cette caractéristique est vérifiée pour des poudres ayant un indice de réfraction bien inférieur à 2 et constituées de particules ou agrégats de taille nanométrique.

Le composé RNE a un indice de réfraction de 2,10 estimé par la méthode de Galdstone-Dale. Les spectres d'absorption obtenus pour ce composé dépend du mode opératoire mis en œuvre lors de la synthèse. La figure 3.1 présente ces spectres pour les trois modes opératoires que nous avons utilisé.

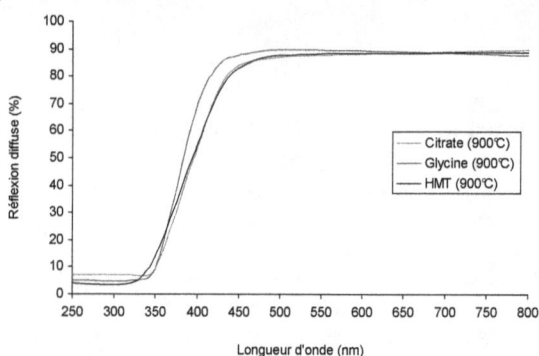

FIG. 3.1 – Spectres de réflexion diffuse dans l'UV-visible de l'absorbeur UV RNE synthétisé suivant les trois méthodes citrate, glycine et HMT

Les valeurs caractérisants le seuil d'absorption λ (nm), Gap optique Eg (eV) , couleur de poudre, surface spécifique $m^2 g^{-1}$) et ϵ la différence par rapport au seuil d'absorption 400 nm (nm) sont présentés dans le tableau TAB 3.1.

TAB. 3.1 – Valeurs caractéristiques du RNE synthétisé par les trois différentes méthodes.

Méthode	T(°C)	λ(nm)	Eg(eV)	Couleur	Sg($m_2 g^{-1}$)	ϵ (nm)
Citrate	500	415±44	3,07	Jaune pâle	74	
	900	393±33	3,19	Blanc	9	75
Glycine	500	394±39	3,26	Jaune pâle	44	
	900	384±32	3,31	Blanc	8	61
HMT	600	415± 57	3,16	Jaune pâle	110	
	900	384±48	3,38	Blanc	70	85

Pratiquement, quelque soit le chemin suivi pour la synthèse du RNE, les spectres d'absorption présentent des caractéristiques acceptables pour en faire un absorbeur UV.

3.1.1.2 Tests photocatalytiques

Lors de l'absorption du rayonnement par un absorbeur UV, il se produit la création de porteurs de charge qui peuvent, soit se recombiner en dégageant de la chaleur, soit migrer jusqu'à la surface pour former des radicaux oxydants susceptibles de dégrader les groupement organiques en contact avec l'absorbeur UV (FIG. 3.2).

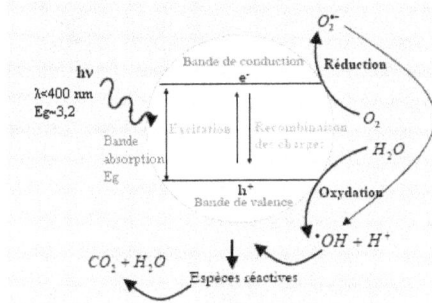

FIG. **3.2** – Schéma du processus de photodégradation des anti-UV inorganiques. Cas du dioxyde de titane.

Ceci correspond à des réactions de photocatalyse. De telles réactions pourraient engendrer, dans le cas du bois, une dégradation plus rapide de la couleur au lieu de la protection durable recherchée.

A la suite de la première analyse structurale et optique, le composé RNE a fait l'objet de tests photocatalytiques réalisés par le laboratoire LIMPH en vue de mettre en évidence une éventuelle activité photocatalytique pouvant, au lieu de protéger le bois, accélérer sa dégradation.

Test phénol

Il y a deux principales raisons de l'utilisation des phénols pour tester les effets photocatalytiques éventuels de l'absorbeur UV avec le substrat bois :

1. D'après l'étude bibliographique (Chapitre 1), les groupements phénoliques entrent dans la constitution des chromophores du bois. Ces derniers absorbent fortement dans la bande UV, et par suite facilement décomposés par photo-oxydation suivi de la formation des radicaux libres au niveau des groupements phénoliques.

2. Les phénols entrent dans la constitution des extraits du bois facilement lessivables par l'eau ou les solvants organiques et donc peuvent être désorbés à la surface du bois et intéragir avec les absorbeurs UV.

Ainsi, les résultats de ce test permet d'effectuer une première sélection : si cet absorbeur présente une activité photocatalytique dans la dégradation du phénol, il présentera immanquablement une activité dans la dégradation des phénols du bois ou des composants des vernis et lasures dans lesquels il sera utilisé.

Nous avons donc dispersé en solution aqueuse de phénol (50 mg/l) en présence de l'absorbeur UV RNE, puis la suspension est ensuite éclairée par une lampe UV. Le montage est présenté au chapitre Matériels et méthodes. Des prélèvements réguliers ont été effectués à t=10, 20, 30, 50, 75 et 95 minutes pour être analyser ensuite par spectroscopie UV-visible.

Ces prélèvements permettent de suivre l'évolution de la concentration du phénol et par suite sa photodégradation au cours d'irradiations UV. Si l'aborbeur UV ajouté présente une activité photocatalytique, la photodégradation du phénol sera plus accentuée qu'en absence de celui-ci. Au contraire, si l'ajout de l'absorbeur UV dans la solution de phénol diminue la photodégradation de ce dernier, cet absorbeur UV est intéressant pour la photostabilisation du substrat bois.

Les spectres d'absorption du phénol en présence de cet anti-UV sont présentés sur la figure FIG. 3.3. Le changement des spectres UV-visibles au cours de l'irradiation n'est pas significatif. Cet anti-UV passe donc le "test phénol" et peut être considéré comme étant non-photocatalytique.

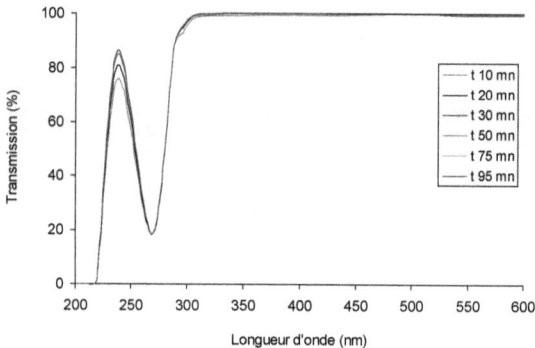

FIG. 3.3 – Les spectres de transmission UV-visible au cours d'irradiation UV d'un prélèvement (à t=10, 20, 30, 50, 75 et 95 min) d'une suspension de RNE dans une solution aqueuse de phénol.

Le composé RNE non photocatalytique à ce stade, sera donc testé dans des conditions plus appropriées à son emploi. Ainsi, 2 types de tests photocatalytiques sont entrepris :

La catéchine du bois

Cette étape consiste à mettre en solution des composés modèles du bois (dans cet exemple la catéchine) et l'anti-UV. Le même protocole que pour le phénol a été utilisé. Par contre nous avons vérifié au préalable le comportement intrinsèque de cette molécule. Les figures FIG. 3.4 et FIG. 3.4 montrent les spectres obtenus sans et en présence de la catéchine dans la solution pour des durées d'exposition de t = 0, 10, 20, 30, 40, 50, 60, 75 et 95 minutes.

Il apparaît que dans les deux cas sans et en présence du RNE, la catéchine se dégrade lors d'une illumination par UV. Cette catéchine réagit avec l'apparition de bandes d'absorption vers 300 nm et dans le visible vers 470 nm. Notons enfin qu'à partir de t = 50

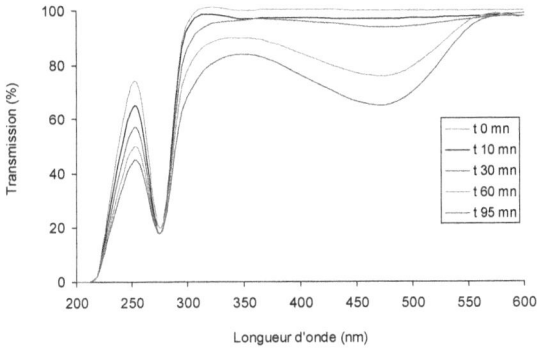

FIG. 3.4 – Les spectres de transmission UV-visible au cours d'irradiation UV d'un prélèvement (à t=0, 10, 30, 60 et 95 min) d'une suspension de solution aqueuse de la catéchine seule

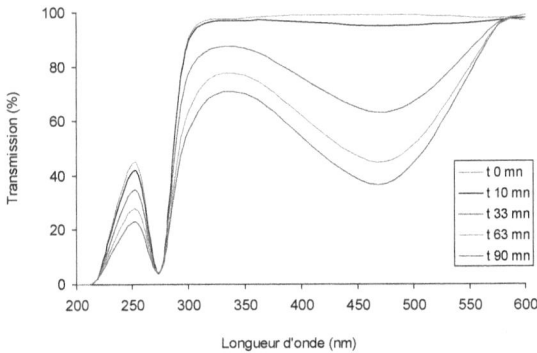

FIG. 3.5 – Les spectres de transmission UV-visible au cours d'irradiation UV d'un prélèvement (à t=0, 10, 33, 63 et 90 min) d'une suspension de solution aqueuse de la catéchine en présence du RNE.

min, la formation de produits absorbants dans le visible (dimères) semble stagner pour par la suite, diminuer. Ainsi, mis en solution en présence d'un extrait de bois tel que la catéchine, le RNE n'empêche pas la dégradation de cette dernière, tout en restant non photocatalytique : le RNE n'a pas accéléré la dégradation de la catéchine.

Les vernis

Des essais préliminaires ont été effectués avec trois vernis dénommés AF7240, AF5350 et SC232185 qui ont été mis en solution et soumis à des irradiations UV. Les spectres de transmission sont donnés en annexes 1 (FIG. NUM). Aucun des trois produits ne se photodégrade dans ces conditions tandis que tous les trois sont dégradés si l'on ajoute un photocatalyseur puissant (tel que le P25).

Toutefois, ces trois mélanges contiennent une proportion importante de co-solvants (glycols), susceptibles de masquer la dégradation d'un composant en plus faible proportion dans le mélange. Pour cela, un quatrième mélange exempt de co-solvant(SC760) a été testé. Ce dernier ne se dégrade pas non plus sous UV (FIG. 3.6).

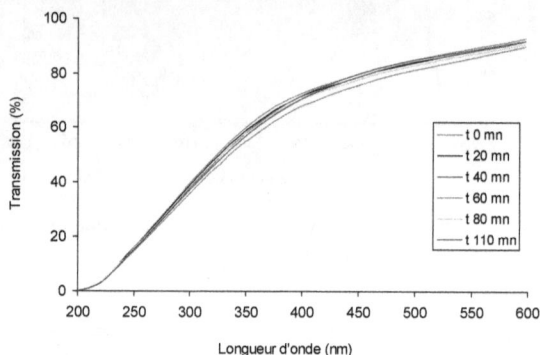

FIG. **3.6** – Les spectres de transmission UV-visible au cours d'irradiation UV d'un prélèvement (à t=0, 20, 40, 60, 80 et 110 mn) d'une suspension de solution aqueuse d'un vernis SC 760 seul.

Ces différents vernis étant stables sous illumination UV, la seconde étape consiste alors à les mettre en présence de l'anti-UV RNE afin de voir si ce dernier interagit avec les vernis. Le vernis sans co-solvants SC760 a été mis en solution en présence de l'anti-UV RNE. Les spectres de transmission sont présentés sur la figure FIG. 3.7.

Il s'avère que ce vernis interagit avec le RNE et se dégrade à son contact. En effet, lors de la mise en solution de quelques gouttes de vernis en présence de 400 mg de RNE (sans illumination UV et uniquement sous agitation magnétique), nous observons par spectroscopie UV-Visible une dégradation du vernis qui se traduit par une diminution notoire de la bande d'absorption UV.

3.1.2 Utilisation des absorbeurs UV et leur influence sur la transparence des finitions

3.1.2.1 Choix des proportions d'absorbeurs UV

Les performances de photoprotection des absorbeurs UV sont liées à leurs caractéristiques spectrales exprimées par leur coefficient d'extinction qui doit être le plus élevé dans la bande de longueurs d'ondes à laquelle la finition ainsi que le substrat bois sont les plus susceptibles à la photodégradation. Ce coefficient est déterminé à partir de la loi de Beer et Lambert qui définit l'absorbance $A = \epsilon \times c \times d$ (2.6) Où A désigne l'absorbance, $I0$, I l'intensité de la lumière incidente et transmise respectivement, ϵ le coefficient d'absorption molaire de l'absorbeur UV en $Lmol^{-1} cm^{-1}$, c la concentration de l'absorbeur

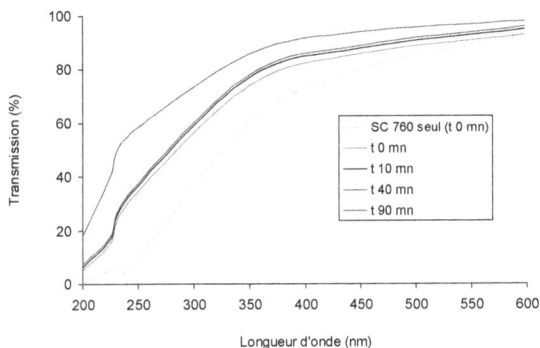

FIG. 3.7 – Les spectres de transmission UV-visible d'un prélèvement du vernis SC 760 seul (t=0 mn) et au cours d'irradiation UV en présence de l'anti-UV RNE à t=0, 20, 40, 60, 80 et 110 mn)

.

UV en $moll^{-}1$, et d l'épaisseur du film en cm. D'après cette équation, l'absorbance dépend du coefficient d'absorption molaire et de la concentration de l'absorbeur UV ainsi que de l'épaisseur du film de finition transparente. Ceci indique que les performances de photostabilisation d'un absorbeur UV particulier ayant un coefficient d'absorption molaire donné ϵ changent par la variation de la concentration ou de l'épaisseur du film. Ainsi, pour améliorer l'effet de photostabilisation, la concentration de l'absorbeur UV ou l'épaisseur du film (nombre de couches) doivent être augmentées. L'augmentation de la concentration est limitée par des problèmes de solubilité, de compatibilité, de changement de transparence et aussi par des contraintes commerciales [Valet, 1997]. Généralement,on utilise des concentrations typiques de 0,25 à 5%.

Les proportions d'utilisation dans cette étude sont récapitulées dans le tableau (TAB. 3.2). Pour les produits anti-UV de 1re génération, les proportions sont déjà optimisées et recommandées par le fabriquant. Nous nous y sommes conformés.

Pour les absorbeurs UV 2e génération de type RNE, il est apparu qu'une solution homogène est obtenue pour une concentration de 1% (en masse) de RNE. Des concentrations supérieures conduisent à des agglomérations des poudres.

Pour l'optimisation de l'utilisation du Rhodigard, des essais de vieillissement à différentes concentrations ont été effectués (Annexe A Résultats annexes). D'après ces résultats, une proportion de 5% du Rhodigard donne les meilleures performances de photostabilisation de la couleur du bois.

3.1.2.2 Influence sur la transparence

La conservation de la transparence des finitions est primordiale dans le choix et la concentration des absorbeurs UV dans les finitions transparentes. Dans les tableaux TAB. 3.3 nous donnons les variations des différents paramètres de couleur dues à l'ajout des absorbeurs UV dans la finition AF 7240 et AF 5350. Nous notons que l'ajout des absorbeurs

TAB. 3.2 – Tableau récapitulatif des proportions (/volume de résine) d'absorbeurs UV utilisés dans les finitions avec A : Rhodigard, B : Hombitec RM 300, C : Hombitec RM 400, D : Oxyde de fer jaune transparent, E : Oxyde de fer rouge transparent, F : Tinuvin 1130, G : Tinuvin 5151.

Type	Code	Absorbeur UV	Génération	%
Inorganique	RNE	RNE FM 19900	2	1^a
	A	Rhodigard	2	2,5 et 5
	B	Hombitec RM 300	1	1^b
	C	Hombitec RM 400	1	1^c
	D	Oxyde de fer jaune transparent	1	1
	E	Oxyde de fer rouge transparent	1	1
Organique	F	Tinuvin 1130	1	3
	G	Tinuvin 5151	1	5

[a] désigne le % (de poudre dans la résine) par rapport à la masse
[b] le % tient compte du pourcentage de la matière active dans la solution (42,9% de masse)
[c] le % tient compte du pourcentage de la matière active dans la solution (31,2% de masse)

UV dans les finitions transparentes provoque un changement de couleur ($\Delta E*$) et par suite affecte leur transparence. Dans ce qui suit nous présentons l'influence de l'ajout des différents absorbeurs UV sur la transparence des trois finitions utilisées dans ce travail. Les plus grands changements de couleur sont dûs à l'ajout des absorbeurs UV inorganiques et particulièrement aux oxydes de fer D et E. Cela explique que ces additifs ne sont pas destinés spécialement à la protection mais servent généralement de pigments. Les absorbeurs UV organiques n'induisent que de faibles changements de couleur par rapport aux absorbeurs UV inorganiques. Nous pouvons souligner, que le nouveau produit RNE FM 19900 ne modifie pas la transparence de la finition. Le Rhodigard assombrit la couleur de la finition ($\Delta L* < 0$) tandis que l'Hombitec l'éclaircit ($\Delta L* > 0$).

TAB. 3.3 – Changement de couleur du bois de sapin après addition d'absorbeurs UV/contrôle (finition seule)avec A : Rhodigard, B : Hombitec RM 300, C : Hombitec RM 400, D : Oxyde de fer jaune transparent, E : Oxyde de fer rouge transparent, F : Tinuvin 1130, G : Tinuvin 5151.

Traitement	Paramètres de couleur			
-	$\Delta L*$	$\Delta a*$	$\Delta b*$	$\Delta E*$
AF 7240 seule	$81,5^1$	$2,6^1$	$25,8^1$	-
5% A	-4,1	1,8	5,1	7
1% B	0,4	1,9	-10,6	11
1% C	-1,5	1,7	0,1	2
1% D	-6,4	9,6	26,5	29
1% E	-23,7	34,2	20,3	46
3% F	-5,5	0,3	-1,4	6
5% G	-0,8	0,2	-1,6	2
AF 5350 seule	$80,3^1$	$3,1^1$	$23,1^1$	-
1% RNE	0,8	0,4	-0,4	1
5% A	-3,8	1,6	3,3	5
1% B	3,8	0,6	-6,7	8
1% C	2,7	-0,6	2,7	4
3 % F	-2,2	0,5	1,9	3
5% G	2,7	-1,4	-0,7	3

3.2 Performances de photostabilisation

Comme nous l'avons mentionné dans la section Matériels et méthodes, la problématique de la protection du bois par un revêtement de surface transparent est différente suivant que l'ouvrage est destiné à une utilisation extérieure (menuiserie) ou intérieure (parquets, ameublement) ; dans le premier cas les paramètres physico-chimiques de l'environnement qui jouent un rôle sur la dégradation de surface du bois sont essentiellement la lumière, l'oxygène, la température et l'eau alors qu'en intérieur ce sont essentiellement la lumière et l'oxygène qui doivent être pris en compte. Le changement de couleur du bois (discoloration du bois) durant l'exposition aux irradiations UV est largement utilisé pour l'évaluation de la photodégradation du bois [Podgorski, 2003 ; Hayoz, 2003]. Ce changement est le premier signe de la modification chimique du bois quand il est exposé à la lumière même en conditions de service intérieur. En conditions de service extérieur, d'autres signes de photodégradation s'ajoutent au changement de couleur comme l'apparition de craquelures, l'augmentation de la rugosité, le changement de brillance, etc. Par la mesure de ces paramètres pour les systèmes bois/finition avec les différents absorbeurs UV durant le vieillissement, il est possible d'obtenir des informations permettant l'évaluation des performances de photostabilisation de chaque absorbeur UV étudié. L'étude a porté sur les deux types de finition en phase aqueuse : finition AF 5350 et AF 7240 pour l'utilisation à l'intérieur et SC 2321/85 pour l'utilisation extérieure. Différents systèmes de finition ont été testés lors du vieillissement accéléré :

√ Contrôle : bois brut (bois sans finition)

√ Finition seule : bois couvert d'une finition seule (sans aucun additif)

Pour les autres systèmes, le bois a été couvert d'une finition contenant un absorbeur UV comme suit :

√ 1%RNE : 1% RNE FM 19900

√ 5%A : 5% Rhodigard

√ 1%B : 1% Hombitec RM 300

√ 1%C : 1% Hombitec RM 400

√ 1%D : 1% Oxyde de fer jaune transparent

√ 1%E : 1% Oxyde de fer rouge transparent

√ 3%F : 3% Tinuvin 1130

√ 5%G : 5% Tinuvin 5151.

Les résultats sont les moyennes d'au moins 5 échantillons/système. L'écart type maximale peut atteindre 1,5 pour les variations totales de couleur en exposition UV seule (avec une moyenne de 0,5) et 2,5 en vieillissement avec humidité (avec une moyenne de 1,5).

3.2.1 Absorbeurs UV et finitions d'intérieur

Pour les finitions d'intérieur (AF 5350 et AF 7240), les différents systèmes d'absorbeurs UV ont été testés en vieillissement accéléré sec. Comme déjà indiqué, nous avons suivi la variation de couleur des échantillons du bois couverts des différents systèmes de finition en fonction du temps d'exposition à l'irradiation UV au QUV pendant 845 heures. Les modifications de couleur induites par l'exposition d'un échantillon de bois à un rayonnement de type solaire peuvent être suivies par les variations de l'écart global de couleur

$\Delta E*$ et de luminance $\Delta L*$ en prenant comme référence la couleur de l'échantillon avant l'irradiation.

Pour apprécier les variations des coordonnées chromatiques au cours du vieillissement, nous rappelons que l'œil est sensible à une variation de luminance de 3 % [Mc Ginnes, 1984] et à un écart de couleur supérieur à 1 [Minemura, 1979].

3.2.1.1 Cas du sapin et du tauari

Les résultats de vieillissement pour le sapin sont présentés sur la figure FIG. 3.8 et FIG. 3.9.

La différence entre les performances de photostabilisation du bois de sapin par les différents absorbeurs UV paraît dès les premières 24 heures d'exposition UV. En effet la variation totale de couleur ($\Delta E*$) dépasse déjà la valeur 10 pour le bois de contrôle, la finition seule, ainsi qu'avec les absorbeurs UV RNE et Rhodigard. Avec les absorbeurs UV organiques Tinuvins (1130 et 5151) et inorganiques Hombitecs (RM 300 et RM 400) ainsi qu'avec les oxydes de fer jaune et rouge la variation de couleur est plus faible et ne dépasse pas 5. Ces variations augmentent au fur et à mesure du temps d'exposition tout en restant parallèles les unes aux autres.

Observations :

i. La meilleure stabilité de la couleur du bois de sapin a été enregistrée pour :

◊ Les absorbeurs UV organiques : Tinuvin 5151 et Tinuvin 1130

◊ Les absorbeurs UV inorganiques : Hombitec RM 400, Hombitec RM 300 et oxyde de fer jaune et rouge.

ii. Les performances du Rhodigard restent au-dessous de celles des Tinuvins et des Hombitecs.

iii. L'absorbeur UV RNE FM 19900 n'améliore pas la stabilité de la couleur du bois de sapin.

Pour mieux suivre le comportement des absorbeurs UV au cours du vieillissement, nous avons analysé les variations des coordonnées chromatiques dans les intervalles de temps 24, 48, 144, 215, 430 et 845 h pendant 845 h d'exposition UV. Les résultats sont présentés sur la figure FIG. 3.10 pour la variation des coordonnées chromatiques ($\Delta a*$ et $\Delta b*$) et la figure FIG. 3.11 pour la variation de la clarté ($\Delta L*$) dans le cas du sapin par exemple.

D'après les courbes de variation des coordonnées chromatiques, nous observons que le bois brut et le bois couvert avec la finition seule jaunissent et rougissent fortement. L'ajout des absorbeurs UV diminue considérablement cette variation qui se concentre dans une ellipse centrée au milieu du repère contrairement aux échantillons de sapin brut, finition seule et Finition+5% Rhodigard. Ce phénomène est accompagné par un assombrissement accentué (diminution de $\Delta L*$) pour ces derniers systèmes.

3.2.1.2 Cas du chêne

Les mêmes séries de tests ont été effectuées sur le bois de chêne. Les résultats sont présentés sur la figure FIG. 3.12 et FIG. 3.13 pour la variation totale de couleur $\Delta E*$.

Les modifications de couleur qui interviennent lors de l'exposition du bois de chêne

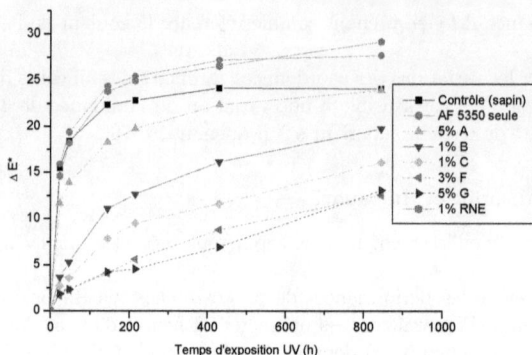

FIG. 3.8 – Effet des absorbeurs UV sur la photostabilisation des finitions d'intérieur appliquées sur le sapin pour la finition AF 5350 avec A : Rhodigard, B : Hombitec RM 300, C : Hombitec RM 400, D : Oxyde de fer jaune transparent, E : Oxyde de fer rouge transparent, F : Tinuvin 1130, G : Tinuvin 5151.

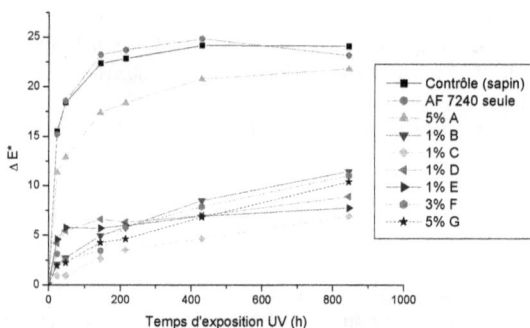

FIG. 3.9 – Effet des absorbeurs UV sur la photostabilisation des finitions d'intérieur appliquées sur le sapin pour la finition AF 7240 avec A : Rhodigard, B : Hombitec RM 300, C : Hombitec RM 400, F : Tinuvin 1130, G : Tinuvin 5151

à un rayonnement de type solaire sont plus complexes que celle observés pour le bois de sapin. Le changement de la couleur du bois de chêne semble être aléatoire au cours du vieillissement sec. Toutefois, nous pouvons ressortir les groupes de comportement suivants :

i. Le bois brut, la finition seule et le système Finition+Rhodigard subissent une variation de couleur brutale au bout de 24 h d'exposition au QUV (le bois s'assombrit) puis cette variation diminue (le bois s'éclaircit).

ii. Même observation pour les Hombitecs mais vers 150h de vieillissement

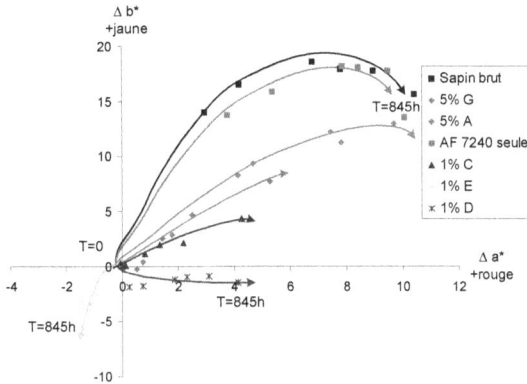

FIG. 3.10 – Variation des coordonnées chromatiques ($\Delta a*$ et $\Delta b*$) au cours de l'exposition UV des systèmes de finition AF 7240/Absorbeur UV sur du sapin. La flèche désigne le sens des variations avec A : Rhodigard, C : Hombitec RM 400, D : Oxyde de fer jaune transparent, E : Oxyde de fer rouge transparent, G : Tinuvin 5151.

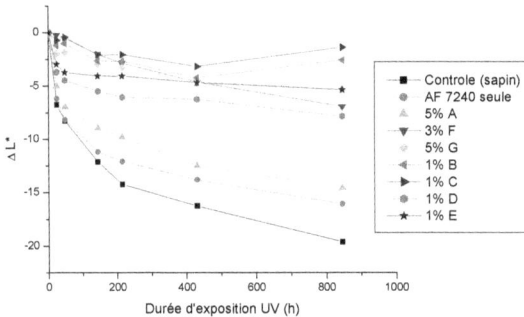

FIG. 3.11 – Variation de la clarté ($\Delta L*$) au cours de l'exposition UV des systèmes de finition AF 7240/Absorbeur UV sur du sapin avec A : Rhodigard, B : Hombitec RM 300, C : Hombitec RM 400, D : Oxyde de fer jaune transparent, E : Oxyde de fer rouge transparent, F : Tinuvin 1130, G : Tinuvin 5151

iii. Le changement de la couleur pour les systèmes comportant les tinuvins est différent, la variation est croissante jusqu'à 200h puis la couleur se stabilise. Pour les échantillons de chêne contenant les absorbeurs UV, l'observation des coordonnées chromatiques pour la finition AF 7240 par exemple (FIG. 3.14) montre une concentration au centre du repère comme dans le cas du sapin, ce qui réduit la coloration de la surface du bois.

Toutefois, contrairement au sapin, sur la figure FIG. 3.15 nous assistons à une dimi-

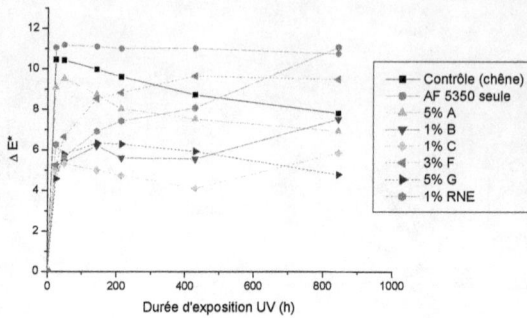

FIG. 3.12 – Effet des absorbeurs UV sur la photostabilisation des finitions d'intérieur appliquées sur le bois de chêne pour la finition AF 5350 avec A : Rhodigard, B : Hombitec RM 300, C : Hombitec RM 400, F : Tinuvin 1130, G : Tinuvin 5151

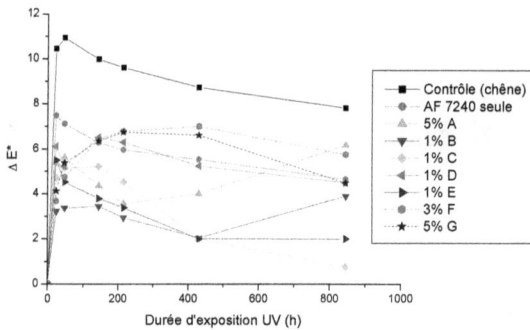

FIG. 3.13 – Effet des absorbeurs UV sur la photostabilisation des finitions d'intérieur appliquées sur le bois de chêne pour la finition AF 7240 avec A : Rhodigard, B : Hombitec RM 300, C : Hombitec RM 400, D : Oxyde de fer jaune transparent, E : Oxyde de fer rouge transparent, F : Tinuvin 1130, G : Tinuvin 5151

nution de la clarté ($\Delta L*$), i.e. les échantillons de bois de chêne s'assombrissent au début d'irradiation (au cours des 100 premières heures de vieillissement), puis il se produit une augmentation de la clarté et les échantillons commencent à s'éclaircir (i.e. $\Delta L*$ devient croissante). Ce phénomène d'éclaircissement du bois de chêne peut être expliqué par le problème de discoloration (modification de la couleur naturelle du bois) dû à la remontée des extractibles (tannins) à la surface du bois à cause du séchage (température élevée de vieillissement qui est de 60°C).

96

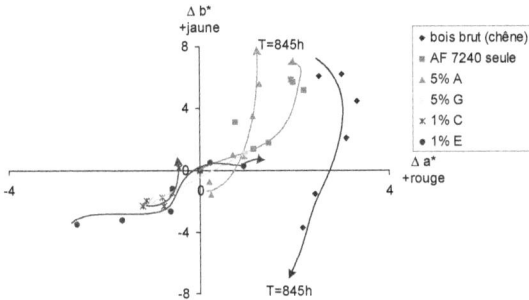

FIG. 3.14 – Variation des coordonnées chromatiques $\Delta a*$ et $\Delta b*$ au cours de l'exposition UV des systèmes de finition AF 7240/Absorbeur UV sur du chêne avec A : Rhodigard, C : Hombitec RM 400, E : Oxyde de fer rouge transparent, G : Tinuvin 5151

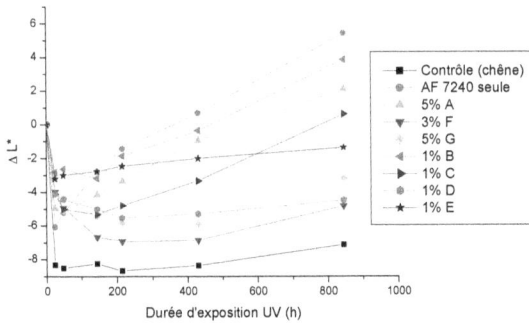

FIG. 3.15 – Variation de la clarté $(\Delta L*)$ au cours de l'exposition UV des systèmes de finition AF 7240/Absorbeur UV sur du chêne avec A : Rhodigard, B : Hombitec RM 300, C : Hombitec RM 400, D : Oxyde de fer jaune transparent, E : Oxyde de fer rouge transparent, F : Tinuvin 1130, G : Tinuvin 5151

3.2.2 Absorbeur UV et finition d'extérieur

Contrairement au vieillissement sec, l'évaluation de la dégradation du bois en vieillissement humide doit tenir compte des différents capteurs de dégradation : couleur, degrés de craquelage et rugosité de la surface. Pour cela, une 2e série de tests de vieillissement a été effectuée avec les différents systèmes d'absorbeurs UV dans la finition d'extérieur SC 2321/85.

3.2.2.1 Cas du sapin et du tauari

Les résultats d'évaluation de la dégradation du bois de sapin et de tauari évalués par la variation totale de couleur sont présentés sur la figure FIG. 3.16 et FIG. 3.17.

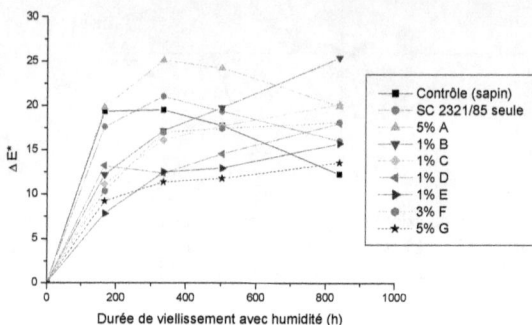

FIG. 3.16 – Changement de couleur durant l'exposition au vieillissement humide pour la finition d'extérieur SC 2321/85 avec les différents absorbeurs UV sur le bois de sapin avec A : Rhodigard, B : Hombitec RM 300, C : Hombitec RM 400, D : Oxyde de fer jaune transparent, E : Oxyde de fer rouge transparent, F : Tinuvin 1130, G : Tinuvin 5151

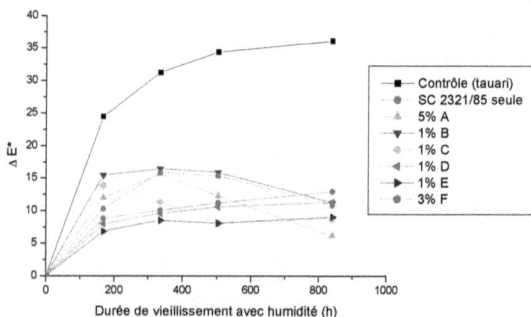

FIG. 3.17 – Changement de couleur durant l'exposition au vieillissement humide pour la finition d'extérieur SC 2321/85 avec les différents absorbeurs UV sur le bois tauari avec A : Rhodigard, B : Hombitec RM 300, C : Hombitec RM 400, D : Oxyde de fer jaune transparent, E : Oxyde de fer rouge transparent, F : Tinuvin 1130.

Cette figure montre qu'au bout de deux cycles de vieillissement, la variation de couleur des échantillons de bois pour le système 1 (bois brut), système 2 (finition seule) et système 4 (5% Rhodigard) présente un pic, à partir duquel cette variation tend à diminuer. Ce comportement peut être expliqué par l'apparition des craquelures sur ces systèmes. En effet, le suivi du degré de craquelage montre que seuls ces systèmes commencent à se fissurer, atteignant des degrés de craquelage forts à partir de deux cycles d'exposition (2 à 3) suivant la norme ISO 4628/4 (TAB. 3.4).

TAB. 3.4 – Suivi du degré de craquelage. Exemple (bois de sapin) avec A : Rhodigard, B : Hombitec RM 300, C : Hombitec RM 400, D : Oxyde de fer jaune transparent, E : Oxyde de fer rouge transparent, F : Tinuvin 1130, G : Tinuvin 5151.

Système	Temps de vieillissement (h)			
	168	336	504	840
SC2321/85 seule	1	2	3	3
5% A	0	3	3	3
1% B	0	0	0	3
1% C	0	0	0	1
1% D	0	0	0	2
1% E	0	0	0	1
3% F	0	0	0	0
5% G	0	0	0	0

Pour cela, l'évaluation des performances en stabilité de couleur est faite à 336 h de vieillissement. Dans ce qui suit nous présentons dans un tableaux récapitulatif (TAB. 3.5) tous les paramètres d'évaluation de dégradation : variation totale de couleur $\Delta E*$ (enregistré au bout de deux cycles de vieillissement), degré de craquelage, rugosité et apparence générale (évalués après cinq cycles).

3.2.2.2 Cas du chêne

Les résultats de variation de couleur sont présentés sur la figure FIG. 3.18. Le degré de craquelage, la rugosité et l'apparence générale sont récapitulés dans le tableau TAB. 3.7.

Ces résultats de vieillissement humide, montrent une variation totale de couleur $\Delta E*$ des différents systèmes d'absorbeurs UV qui ressemble plus ou moins au comportement du bois de chêne lors d'un vieillissement sec. Toutefois, ces résultats montrent une dégradation plus sévère surtout en degré de craquelage, rugosité ou apparence générale (TAB. 3.6).

TAB. 3.5 – Evaluation des paramètres de vieillissement des différents systèmes de finition pour le bois de sapin et de tauari avec A : Rhodigard, B : Hombitec RM 300, C : Hombitec RM 400, D : Oxyde de fer jaune transparent, E : Oxyde de fer rouge transparent, F : Tinuvin 1130, G : Tinuvin 5151.

Absorbeur UV	Vieillissement humide			
	336 h	840 h		
	$\Delta E*$	Craquelage	Rugosité	Apparence
bois brut (sapin)	30	-	3	5
SC2321/85 seule	22	3	3	4
5% A	27	3	3	4
1% B	17	3	3	3
1% C	16	1	1	1
1% D	12	2	2	3
1% E	12	1	2	2
3% F	16	0	1	2
5% G	11	0	1	1
bois brut (tauari)	31	-	3	5
SC2321/85 seule	13	3	3	3
5% A	16	2	2	2
1% B	16	3	2	3
1% C	11	0	1	1
1% D	9	2	2	2
1% E	10	3	2	3
3% F	16	0	1	1

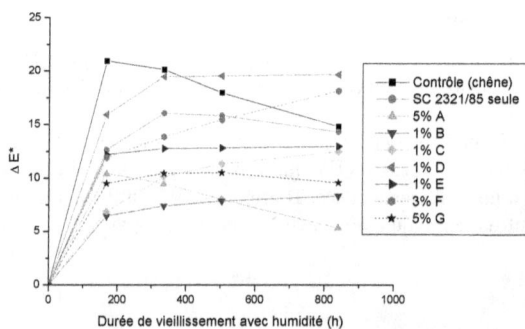

FIG. 3.18 – Changement de couleur du bois de chêne durant l'exposition au vieillissement humide pour la finition d'extérieur SC 2321/85 avec les différents absorbeurs UV avec A : Rhodigard, C : Hombitec RM 400, G : Tinuvin 5151.

TAB. 3.6 – Suivi du degré de craquelage : cas du bois de chêne avec A : Rhodigard, B : Hombitec RM 300, C : Hombitec RM 400, D : Oxyde de fer jaune transparent, E : Oxyde de fer rouge transparent, F : Tinuvin 1130, G : Tinuvin 5151.

		Vieillissement humide		
Absorbeur UV	336 h	840 h		
	$\Delta E*$	Craquelage	Rugosité	Apparence
bois brut (chêne)	20	-	3	5
SC2321/85 seule	18	4	3	4
5% A	9	3	3	3
1% B	7	3	3	3
1% C	10	2	3	3
1% D	19	3	3	3
1% E	13	3	3	3
3% F	14	0	2	2
5% G	10	0	1	2

3.2.3 Mélange entre absorbeurs UV organiques et inorganiques

Le but de cette section est de trouver des synergies possibles entre des absorbeurs UV organiques et inorganiques afin d'améliorer les performances de photostabilisation. En effet, aucun absorbeur UV ne présente le comportement d'absorption idéal précité (i.e. absorption complète dans la bande UV et transparence totale dans le visible). Pour cela, nous allons essayer d'améliorer ces critères par la combinaison des deux types d'absorbeurs UV :

i. les absorbeurs UV organiques seuls ne peuvent pas permettre une photoprotection totale du substrat finition-bois à cause de leurs pics d'absorption pour certaines longueurs d'ondes,

ii. les absorbeurs UV inorganiques n'absorbent que la lumière avec une énergie supérieure à celle de leur gap (i.e Egap/TiO$_2$ =3,0eV par exemple). Cette énergie dépend fortement de la taille des particules et de leur indice de réfraction.

Deux combinaisons ont été testées :

√ Tinuvin et Rhodigard
√ Tinuvin et Hombitec.

3.2.3.1 Cas du vieillissement aux rayonnements UV

Les résultats sont présentés sur la figure FIG. 3.19 et FIG. 3.20. Comme le montrent les courbes de variation de couleur, les mélanges des tinuvins (F ou G) avec le Rhodigard, s'ils diminuent la variation de couleur par rapport à celle obtenue par le Rhodigard, ne permettent pas d'égaler les performances de photostabilisation des tinuvins seuls. En revanche, les mélanges des tinuvins (F ou G) avec l'Hombitec donnent des résultats plus satisfaisants avec une photostabilisation accrue. Cela peut laisser envisager une éventuelle synergie entre ces absorbeurs.

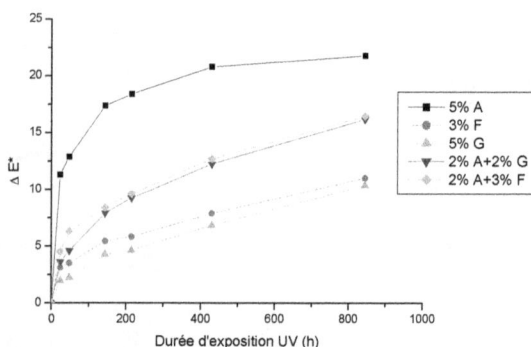

FIG. 3.19 – Mélange entre absorbeur UV organiques et inorganiques dans la finition AF 7240 appliquée sur le bois de sapin (Variations de couleur) avec A : Rhodigard, F : Tinuvin 1130, G : Tinuvin 5151.

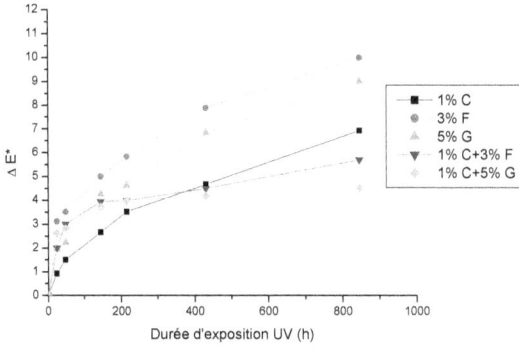

FIG. 3.20 – Mélanges entre absorbeur UV organiques et inorganiques dans la finition AF 7240 appliquée sur le bois de sapin (Variations de couleur) avec C : Hombitec RM 400, F : Tinuvin 1130, G : Tinuvin 5151

3.2.3.2 Cas du vieillissement avec humidité

Les mêmes mélanges d'absorbeurs UV ont été testés en vieillissement humide avec la finition SC 2321/85 sur le bois de sapin. Les résultats sont présentés sur la figure FIG. 3.21 et FIG. 3.22. Pour le suivi de variation de couleur, nous observons le même type de résultats que précédemment. Les mélanges tinuvins/Hombitec sont plus performants que les mélanges tinuvins/Rhodigard. L'effet synergique est plus marquant pour le Tinuvin 5151 et l'Hombitec RM 400 qui permet une meilleure photostabilisation. En observant le tableau TAB. 3.7, nous pouvons noter que l'ajout des absorbeurs UV organiques aux absorbeurs UV inorganiques empêche ou retarde l'apparition des craquelures.

TAB. 3.7 – Mélange d'absorbeurs UV organiques et inorganiques dans la finition SC 2321/85 appliqués sur le bois de chêne (Suivi du degré de craquelage) avec A : Rhodigard, C : Hombitec RM 400, F : Tinuvin 1130, G : Tinuvin 5151

	Vieillissement humide			
Absorbeur UV	336 h	840 h		
	$\Delta E*$	Craquelage	Rugosité	Apparence
5% A	27	3	3	4
1% C	16	1	1	1
3% F	16	0	1	2
5% G	11	0	1	1
2% A+3% F	15	0	2	2
2% A+2% G	13	0	1	2
1% C+3% F	9	0	1	2
1% C+2% G	8	0	1	1

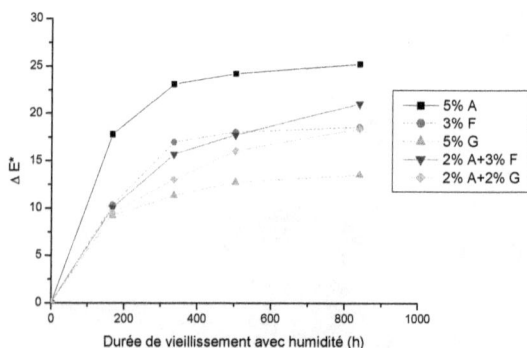

FIG. 3.21 – Mélange entre absorbeurs UV organiques et inorganiques dans la finition SC 2321/85 appliqués sur le bois de sapin (variations de couleur) avec A : Rhodigard, F : Tinuvin 1130, G : Tinuvin 5151.

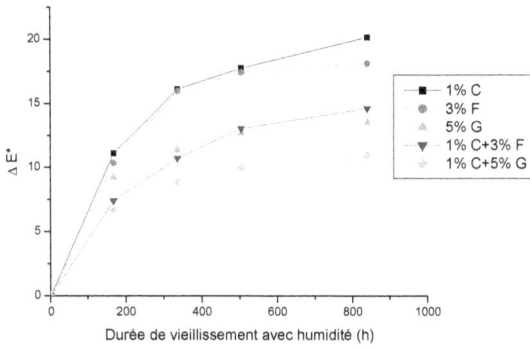

FIG. 3.22 – Mélange entre absorbeurs UV organiques et inorganiques dans la finition SC 2321/85 appliqués sur le bois de sapin (variations de couleur) avec A : Rhodigard, F : Tinuvin 1130, G : Tinuvin 5151

3.2.4 Amélioration de la photostabilisation

Comme nous l'avons constaté, les essais de photostabilisation des systèmes bois-finition transparente avec les différents absorbeurs UV n'ont pas conduit à une amélioration significative. Pour une photostabilisation plus efficace, nous avons procédé à de nouvelles expériences qui consistent à ajouter une couche isolante pour empêcher la remontée d'extractibles qui est problématique dans le cas du chêne et à appliquer un prétraitement pour toutes les essences dans le but la stabiliser les lignines responsable de la photodégradation.

3.2.4.1 Ajout d'une couche d'isolation pour le bois de chêne

Les finitions en phase aqueuse sont connues pour le problème de désorption des tannins présents dans les bois sombres comme le cèdre et le chêne dans notre cas. Les tannins phénols et polyphénols sont en effet naturellement hydrosolubles dans l'eau. Quand ils sont exposés à l'humidité, ces composés peuvent migrer à la surface du bois, se déposer sur la finition et créer ainsi des discolorations jaunes ou brunes. Pour bloquer cette désorption des extractibles qui peuvent inhiber le séchage ou l'adhérence du vernis de recouvrement, une couche hydrophobe qui jouera le rôle d'une barrière pour les molécules hydrosolubles doit être appliquée. Une solution simple à ce problème est l'utilisation d'une couche primaire en phase solvant [Abigail et al, 2004]. Les couches barrières sont le plus souvent à base de polyuréthanes formant un film insensible, imperméable et résistant à l'humidité. Les isolants ont pour objectif de bloquer les remontées de certains constituants des supports massifs ou sous-couches. Face à ce problème, nous avons procédé à l'application d'une couche isolante (vernis en phase solvant à séchage UV) dans la finition AF 7240 utilisation intérieure et dans la finition SC 2321/85 pour l'extérieur. Les résultats de suivi de changement de couleur sont donnés ci après.

Vieillissement aux rayonnements UV

En vieillissement sec, le test a été réalisé avec la finition d'intérieur AF 7240 avec les différents systèmes d'absorbeurs UV. Les résultats sont présentés sur la figure FIG. 3.23.

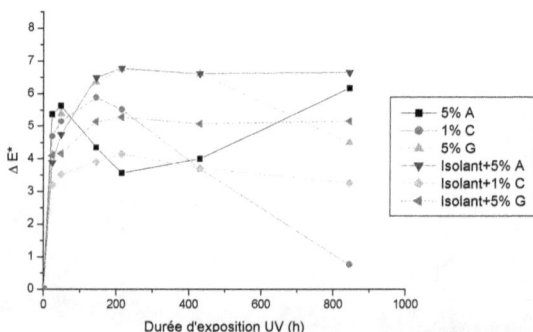

FIG. 3.23 – Effet de l'ajout d'une couche d'isolation sur du bois de chêne en vieillissement sec (variations de couleur) avec A : Rhodigard, C : Hombitec RM 400, G : Tinuvin 5151.

Nous notons que l'ajout de cette couche barrière permet une meilleure photostabilisation ce qui se traduit par une variation constante au cours du temps d'exposition UV contrairement aux absorbeurs UV seuls qui présentent soit une augmentation de $\Delta E*$ (cas du Rhodigard) soit une diminution (cas de l'Hombitec et du tunivin).

Vieillissement avec humidité

En vieillissement humide (FIG. 3.24 et FIG. 3.25), l'amélioration de la photostabilisation des systèmes bois-finition par l'ajout d'une couche d'isolation est remarquable pour le Tinuvin et l'Hombitec ($\Delta E*$ ne dépasse pas 4) par rapport aux absorbeurs UV seuls ($\Delta E*$ dépasse la valeur 10).

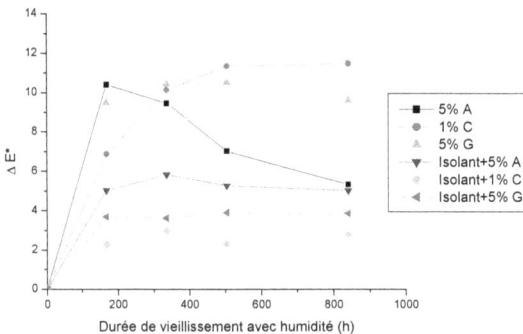

FIG. 3.24 – Effet de l'ajout d'une couche d'isolation sur du bois de chêne en vieillissement humide (Variations totales de couleur $\Delta E*$ avec A : Rhodigard, C : Hombitec RM 400, G : Tinuvin 5151

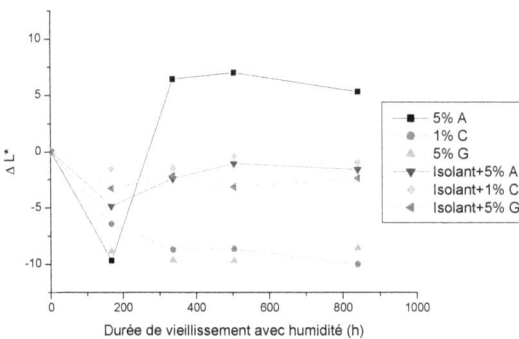

FIG. 3.25 – Effet de l'ajout d'une couche d'isolation sur du bois de chêne en vieillissement humide (Variations de la clarté $\Delta L*$)

L'amélioration des performances en présence de la couche barrière est surtout percep-tible dans le cas de l'absorbeur UV Hombitec RM 400 puisque les autres paramètres de suivi évoluent dans un sens favorable : moins de craquelage, une rugosité plus faible et une apparence générale plus satisfaisante (TAB. 3.8).

TAB. 3.8 – Effet de l'ajout d'une couche d'isolation sur du bois de chêne en vieillissement humide (Suivi du degré de craquelage) avec A : Rhodigard, C : Hombitec RM 400, G : Tinuvin 5151.

Absorbeur UV	Vieillissement humide			
	336 h	840 h		
	$\Delta E*$	Craquelage	Rugosité	Apparence
5% A	9	3	3	3
1% C	10	2	3	3
5% G	10	0	1	2
Isolant+5% A	6	5	3	5
Isolant+1% C	3	1	1	1
Isolant+5% G	2	1	1	1

3.2.4.2 Application d'un prétraitement

La société Ciba Chemicals Speciality nous a fourni un produit de prétraitement : lignostab^{TM} 1198 agissant comme un stabilisateur des lignines du bois. Nous avons essayé de tester les nouveaux absorbeurs UV avec ce prétraitement. Nous nous sommes intéressés pour cette partie de l'étude au vernis AF 5350 sur les bois de sapin et de chêne et à trois absorbeurs UV : le Rhodigard (5%A), l'Hombitec RM 400 (1%C) et le Tinuvin 5151 (5%G). Les résultats des changements des couleurs ($\Delta E*$) au cours d'une exposition UV pendant 140 heures sont présentés sur la figure FIG. 3.26 et FIG. 3.27. D'après ces résultats, nous observons que l'application de ce prétraitement donne des meilleurs résultats de photostabilisation de couleur, et particulièrement avec le Rhodigard. A cet égard, l'application de lignostab comme prétraitement permet par rapport à l'utilisation du Rhodigard seul, une différence de photoprotection ($\Delta E* > 15$) pour le sapin et ($\Delta E* > 6$) pour le chêne au bout de 140 heures de vieillissement.

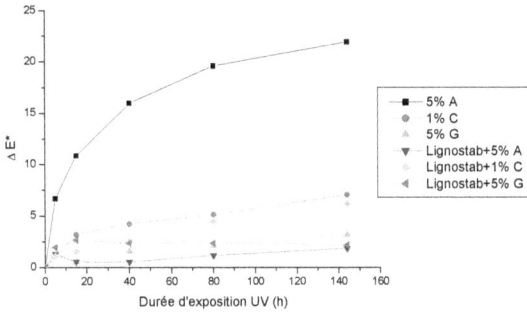

FIG. **3.26** – Effet du prétraitement sur le sapin avec A : Rhodigard, C : Hombitec RM 400, G : Tinuvin 5151.

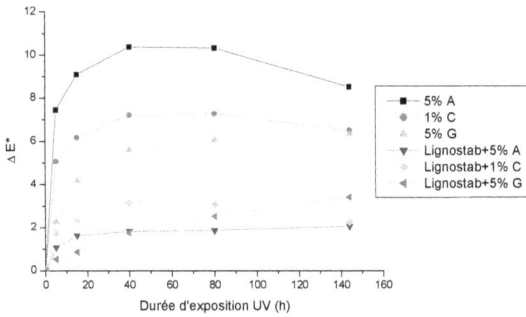

FIG. **3.27** – Effet du prétraitement sur le chêne avec A : Rhodigard, C : Hombitec RM 400, G : Tinuvin 5151.

3.3 Influence des absorbeurs UV sur les facteurs de photostabilisation

Les principaux résultats expérimentaux de photostabilisation ont été présentés. Il s'agissait de l'évaluation des performances de photostabilisation des absorbeurs UV organiques et inorganiques de 1re et 2e génération sur différentes essences de bois. D'après ces résultats, il a été démontré que la photoprotection des systèmes bois-finition transparente (particulièrement le changement de couleur au cours du vieillissement) diffère d'un produit à un autre. En outre, nous avons observé que des absorbeurs UV ayant des performances de photoprotection égales en vieillissement sec ne possèdent pas les mêmes performances en vieillissement humide surtout en ce qui concerne la prévention du craquelage. Dans ce chapitre, les résultats de suivi au cours du vieillissement du comportement (chimique, physique et mécanique) des films de finition avec les différents systèmes d'absorbeurs UV sont présentés. Nous nous intéressons particulièrement au pouvoir photoprotecteur des différents absorbeurs UV via le pouvoir d'absorption dans le domaine UV. Nous essayons aussi d'apporter des éclaircissement sur les phénomènes radicalaires au cours du vieillissement. Parallèlement, nous nous intéressons au comportement physicomécanique des différents systèmes d'absorbeurs UV et particulièrement pour la finition d'extérieur. L'objectif de ce chapitre est de vérifier avant tout la concordance entre les performances de photostabilisation et les critères de sélection que nous avons cités. Il s'agit surtout de chercher, à la lumière de ces résultats et des résultats précédents, d'éventuelles relations avec les propriétés des films de finition induites par l'ajout de chaque absorbeur UV et d'en déduire les mécanismes mis en jeu. Les résultats seront comparés entre eux afin de dégager les paramètres et les propriétés mis en jeu dans les performances de photostabilisation.

3.3.1 Protection UV

3.3.1.1 Protection UV du substrat bois

Un absorbeur UV doit protéger la finition et le bois contre la photodégradation par l'absorption des radiations dans la région entre 290 et 350 nm. Toutefois, la bande d'absorption doit être étendue jusqu'à 400 nm tenant compte de la protection des résines en présence de pigments et de colorants [Pospisil et Nespurek, 2000] et l'absorption du substrat bois. Ainsi, une absorption maximum entre 330 et 350 nm est considérée nécessaire pour une photoprotection efficace des finitions [Valet, 1997] et du bois. Les absorbeurs UV qui ont une absorption dans la bande UV lointain (courtes-longueurs d'ondes) sont incapables de couvrir suffisamment la région destructive des longues longueurs d'ondes jusqu'à 380 nm. A l'opposé, les absorbeurs UV ayant une absorption maximale au delà de 350 nm peuvent être colorés en jaune, ce qui affecte la transparence et la couleur des finitions. Ainsi, un absorbeur UV peut protéger la matrice du polymère (bois-finition) comme en atténuant le rayonnement d'excitation grâce à son coefficient d'absorption très haut dans la bande UV du spectre solaire. On suppose alors que plus le coefficient d'absorption est élevé à une longueur d'onde maximum λ max, plus la radiation sera atténuée et plus l'effet de stabilisation sera grand. Un absorbeur UV idéal doit absorber toute la bande UV du spectre solaire, mais pas dans la bande de lumière visible (pour conserver la transparence des finitions) et avoir une bonne photostabilité. La capacité de chaque absorbeur UV à atténuer la lumière UV a été mesurée par spectroscopie UV-visible. Les spectres d'absorption des différents systèmes d'absorbeurs UV utilisés sont présentés sur les figures FIG. 3.28, FIG. 3.29 et FIG. 3.30 pour les finitions AF 7240, AF 5350 et SC 2321/85 respectivement.

Ces figures illustrent la qualité de transparence (bande visible de 800 à 400 nm) et le pouvoir photoprotecteur (bande UV de 400 à 250 nm) de chaque absorbeur UV. Le tableau (TAB. 3.9) présente une comparaison entre les différents systèmes d'absorbeurs UV du point de vue de ces deux critères (appréciation : ++ très bon, − insuffisant, +/− plus ou moins satisfaisant).

TAB. 3.9 – Comparaison "qualité de transparence/ photoprotection" des différents systèmes d'absorbeurs UV avec A : Rhodigard, B : Hombitec RM 300, C : Hombitec RM 400, F : Tinuvin 1130, G : Tinuvin 5151

Système	Qualité transparence (Bande visible)	Qualité photoprotection (Bande UV)
Finition seule	++	−
1% RNE	++	+/−
2,5% A	++	+/−
5% A	++	+
1% B	-	++
1% C	-	++
2% A + 2% G	++	++
3% F	++	++
5% G	++	++

Ce tableau montre que les absorbeurs UV organiques offrent les meilleures performances concernant la qualité de transparence et le pouvoir photoprotecteur. Les absorbeurs UV inorganiques les hombitecs (système 1% B et 1% C) présentent une mauvaise qualité en matière de transparence, mais photoprotègent de façon satisfaisante. Malheureusement, les nouveaux absorbeurs UV inorganiques (systèmes 1% RNE, 2% A et 5% A) préservent la transparence des finitions mais ne présentent qu'un faible pouvoir de photoprotection. L'augmentation de la proportion du Rhodigard (système A) de 2,5 à 5% dans la finition, si elle améliore l'absorbance des radiations UV, ne permet pas d'atteindre les performances de photoprotection des hombitecs ou celles des absorbeurs organiques. Toutefois, la combinaison du Rhodigard avec le Tinuvin 5151 permet de conduire à une photoprotection identique à celle du Tinuvin seul. Si nous nous référons au chapitre précédent (Résultats), nous observons dans le cas du vieillissement sec (exposition UV seule) une corrélation entre le pouvoir photoprotecteur et les performances de photostabilisation des différents systèmes d'absorbeurs UV.

Note : La densité optique réelle des films des finitions aqueuses appliqués sur le bois (d'épaisseur estimée à 30 μm) correspond environ au 1/5 de celle présentée sur les spectres d'absorption des figures suivantes.

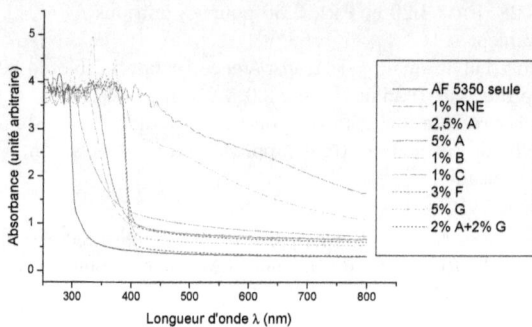

FIG. 3.28 – Spectres d'absorption UV-visible pour la finition AF 5350 avec A : Rhodigard, B : Hombitec RM 300, C : Hombitec RM 400, F : Tinuvin 1130, G : Tinuvin 5151.

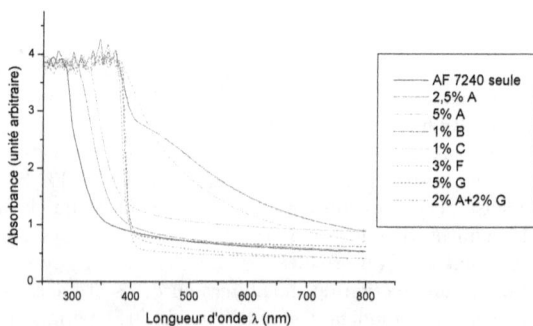

FIG. 3.29 – Spectres d'absorption UV-visible pour la finition AF 7240 avec A : Rhodigard, B : Hombitec RM 300, C : Hombitec RM 400, F : Tinuvin 1130, G : Tinuvin 5151.

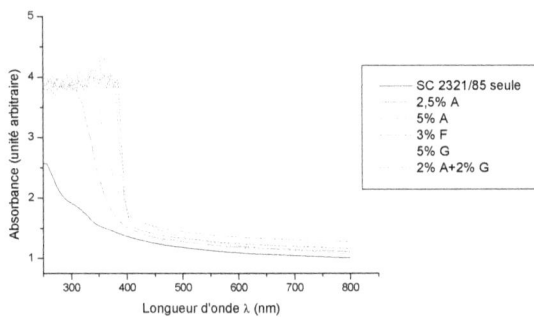

FIG. 3.30 – Spectres d'absorption UV-visible pour la finition SC2321/85 avec A : Rhodigard, F : Tinuvin 1130, G : Tinuvin 5151.

3.3.1.2 Photostabilité des absorbeurs UV eux-mêmes

Nous venons de voir que pour protéger la matrice du polymère (bois-finition), un absorbeur UV atténue le rayonnement d'excitation grâce à son coefficient d'absorption très élevé dans la bande UV du spectre solaire. En plus de cette forte absorption, les absorbeurs UV doivent être très stables à la lumière sinon ils seraiennt consommés rapidement par des réactions secondaires. Dans ce qui suit nous présentons les mécanismes de photostabilité de ces absorbeurs UV eux-mêmes sous irradiation UV.

Absorbeurs UV organiques

Le mécanisme de photoprotection par les absorbeurs UV ne se réduit pas à un écran contre la lumière UV mais peut s'étendre au quenching et aussi au piégeage des radicaux. Les deux premières activités sont considérées comme bénéfiques. La troisième (piégeage de radicaux), caractéristique des absorbeurs UV phénoliques, conduit au photoprocessus d'épuisement par la conversion intersystème (ISC) de l'état excité du proton intramoléculaire à l'état triplet (T). Toutefois, pour être photostable, un absorbeur UV doit transformer et dissiper l'énergie absorbée en énergie thermique moins nuisible par un processus photophysique incluant l'état fondamental et l'état excité des molécules avant le déclenchement du photoprocessus d'épuisement déjà décrit. Le mécanisme de dissipation d'énergie, qui mène à la photostabilité des absorbeurs UV organiques de type phénolique est attribué au transfert cyclique (Excited State Intramolecular Proton Transfert ESIPT) (FIG. 3.31).

Plusieurs techniques ont été utilisées pour expliquer le photoprocessus ESIPT pour les absorbeurs UV phénoliques comme la spectroscopie fluorescente, la spectroscopie laser opto-acoustique, etc. [Ghiggino, 1996]. Le premier état excité singulet S_1 est formé après absorption de la lumière à partir de l'état fondamental S_0. La distribution électronique de S1 favorise un transfert rapide du proton à l'hétéro-atome et compte pour le transfert du proton intramoléculaire à l'état excité singulet de la forme tautomère S_1^{TP}. On croit que le tautomère excité S_1^{TP} dissipe l'énergie d'excitation par une conversion interne rapide, processus non-radiatif et non-dégradateur, et compte pour l'état fondamental de la forme tautomère S_0^{TP}. Une radiation fluorescente peut être émise en concurrence de cette conversion interne. La durée de vie de l'état excité S_1^{TP} est très courte. Dans la phase finale du processus d'ESIPT, le proton saute en arrière (transfert renversé de proton) et l'état fondamental original S_0 de la forme phénolique est régénéré. La transformation $S_0 \rightarrow S_1 \rightarrow S_1^{TP} \rightarrow S_0^{TP}$ se produit en une échelle de temps ultrarapide (<40ps) pour les absorbeurs UV fortement photostables [Ghiggino, 1996]. Ce mécanisme peut se répéter aussi longtemps que la liaison intramoléculaire de l'atome d'hydrogène de l'absorbeur UV reste intacte [Ghiggino, 1996]. Pour cela, ce mécanisme ESIPT est à l'origine principale de la désactivation de l'excitation des molécules des absorbeurs UV. Le résultat principal du cycle d'ESIPT est la conversion de l'énergie d'excitation électronique en énergie de vibration thermique par le processus de conversion non radiative.

Toutefois, peu d'informations sont disponibles sur le mécanisme photophysique des absorbeurs UV non phénolique [Allan et al, 1986]. Par ailleurs, des données expérimentales indiquent la probabilité de la participation du mécanisme de transfert du proton intramoléculaire à l'état excité ESIPT (FIG. 3.32).

Le mécanisme d'activité des absorbeurs UV organiques est basé sur le processus pho-

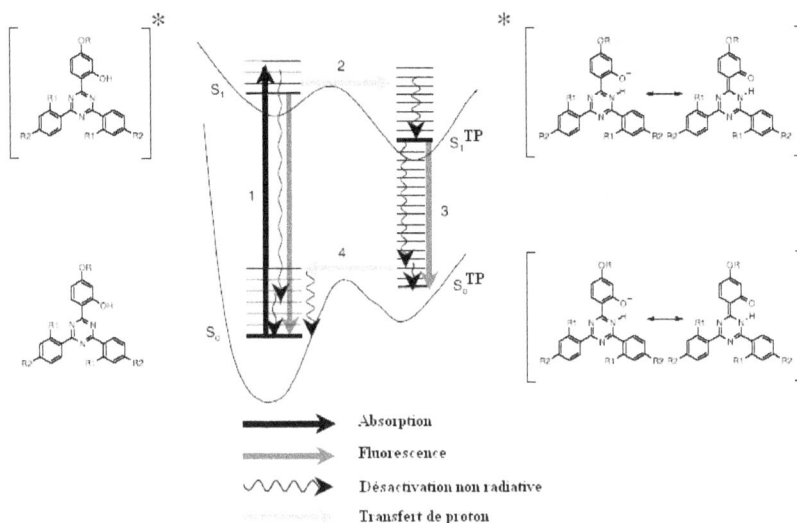

FIG. 3.31 – Mécanisme de désactivation et dissipation d'énergie d'un absorbeur UV type phénolique par transfert du proton intramoléculaire à l'état excité. Exemple (cas de l'hydroxy-phényltriazine)

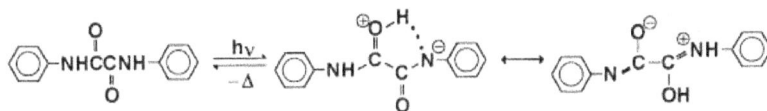

FIG. 3.32 – Mécanisme de désactivation et dissipation d'énergie d'un absorbeur UV type non phénolique par transfert du proton intramoléculaire à l'état excité ESIPT. Cas d'un oxanalide.

tophysique réversible et cyclique décrit ci-dessus. Cependant, des transformations irréversibles chimiques et physiques réduisant la durabilité et les performances de protection des absorbeurs UV ne sont pas totalement évitées par le processus d'oxydation des finitions [Pickett, 1997] et affectant la durabilité des finitions et leurs substrats comme le bois. Plusieurs mécanismes interviennent dans le photovieillissement des absorbeurs UV organiques et la perte d'efficacité de photostabilisation [Bauer, 2000].

◇ Des pertes physiques des absorbeurs UV des couches supérieures des finitions résultants de la volatilité ou l'extraction durant le séchage ou à des températures élevées de vieillissement.

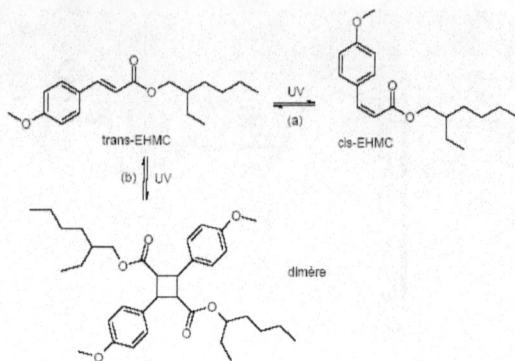

FIG. 3.33 – Isomérisation trans/cis (a) et dimérisation (b) du 2-ethylhexyl-p-methoxycinnamate.

◇ Des transformations photochimiques comme la photoisomérisation, la photopolymérisation et la rupture de liaisons, etc. (FIG. 3.33). Ce phénomène de photodégradation se produit par l'intermédiaire de l'attaque des radicaux libres ou par photolyse directe des états excités de l'absorbeur UV ayant une liaison hydrogène intramoléculaire affaiblie [Pickett, 1997]. La photostabilité de l'absorbeur UV baisse en présence d'oxygène et avec l'augmentation de la sensibilité de la finition à la photooxydation.

Absorbeurs UV inorganiques

Nous avons vu que pour être efficace, l'absorbeur UV doit absorber toute radiation de longueur d'onde inférieure à 400 nm et transmettre tout rayonnement de longueur d'onde supérieure. Toutefois, lors de l'absorption du rayonnement par l'absorbeur UV inorganique, il se crée de porteurs de charge qui peuvent, soit se recombiner en dégageant de la chaleur, soit migrer jusqu'à la surface pour former des radicaux oxydants susceptibles de dégrader les groupements organiques en contact avec l'absorbeur UV (FIG. 3.34.

Ceci correspond à des réactions de photocatalyse. Ce phénomène est plus grave en présence d'eau et d'oxygène.Pour faire face à ce problème, il existe des méthodes de photostabilité de ces anti-UV inorganiques (minimiser la concentration des radicaux libres, augmenter la stabilité des formulations, etc) par la méthode de " dopage ". Cette méthode consiste à introduire des composés agissant comme des pièges de radicaux. Le manganèse par exemple, est très utilisé pour la photostabilité du dioxyde de titane (FIG. 3.35).

3.3.2 Influence sur le comportement photochimique

Nous avons vu dans le chapitre 1 (Etude bibliographique) que les mécanismes de la photodégradation du bois par une lumière de type solaire avait mis en évidence le rôle important des radicaux phénoxyles formés à partir des chromophores phénoliques portés par les lignines et les substances extractibles. Il avait pu être montré que les différents processus de dégradation s'accompagnaient de la formation de ces espèces radicalaires.

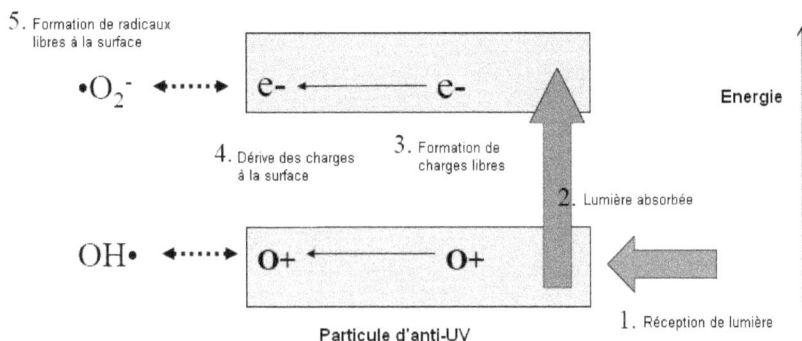

FIG. 3.34 – Schéma du processus de photodégradation des anti-UV inorganiques.

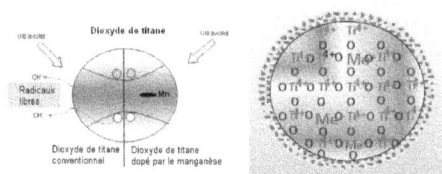

FIG. 3.35 – Dopage de dioxyde de titane.

La spectroscopie de résonance paramagnétique électronique permet de suivre la cinétique de formation de ces radicaux et leur concentration stationnaire lors de l'exposition au rayonnement solaire. Ainsi une relation entre le jaunissement du bois de sapin brut et la concentration en radicaux phénoxyles a pu être mise en évidence. Dans ce contexte, nous avons analysé par spectroscopie RPE l'influence des différents absorbeurs UV sur la formation des radicaux phénoxyles lors d'une irradiation par un rayonnement de type solaire. Des échantillons de bois de sapin et de chêne sous forme de bâtonnets (1x1x30mm) ont été traités par différents systèmes d'absorbeurs UV. Nous avons enregistré les spectres RPE à température ambiante lors de l'irradiation des échantillons directement dans la cavité du spectromètre par un rayonnement émis par une lampe à vapeur de Xénon (flux photonique de 15 mW/cm2 à 360 nm). Pour les deux essences de bois étudiées, nous observons avant irradiation un signal singulet de faible intensité de largeur d'environ 9 G (Fig. 3.36). Ce signal est attribué à l'action de la lumière ambiante sur les chromophores phénoliques du bois.

L'irradiation des échantillons témoins et traités par les différents absorbeurs UV provoque une augmentation de l'intensité du signal RPE mais ne modifie pas les caractéristiques (largeur et position en champ magnétique) de ce signal. Pour les échantillons

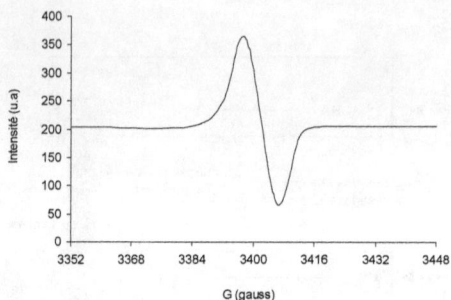

FIG. 3.36 – Exemple d'un spectre RPE du bois

témoins et traités, l'irradiation provoque la formation de radicaux phénoxyles par arrachement d'hydrogène sur les chromophores phénoliques des lignines et des métabolites secondaires (FIG. 1.14 et FIG. 1.16 du premier chapitre). Si la nature des espèces radicalaires n'est pas affectée par les traitements appliqués sur ces échantillons, il n'en est pas de même de la cinétique de formation des radicaux phénoxyles. Cette cinétique peut être suivie en analysant l'évolution de l'intensité du signal singulet RPE en fonction du temps d'irradiation.

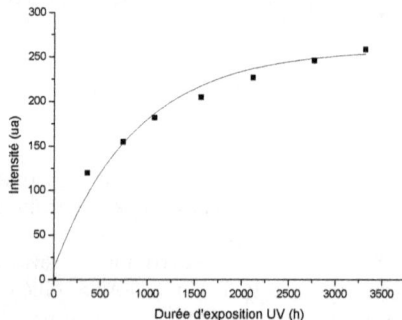

FIG. 3.37 – Allure de l'évolution du signal RPE avec l'irradiation

Pour modéliser les comportements obtenus (FIG. 3.37), nous proposons l'utilisation de l'équation suivante :

$$I(t) = Y0 + A1\, exp(-t/t1) \tag{3.1}$$

Cette équation peut être écrite sous la forme (3.2) :

$$I_t = I_{stat} + (I_0 - I_{stat})\, exp(-t/\tau) \tag{3.2}$$

avec Io intensité du signal avant irradiation et I_{stat} intensité du signal à l'état stationnaire. Les paramètres de cette modélisation (tableau) ont été obtenus par minimisation des carrés des écarts entre la courbe calculée et le nuage des points expérimentaux (logiciel Origin 5.0, microcal software). L'expression obtenue par cette modélisation peut être écrite sous la forme (3.3) :

$$I_{stat} - I_t = (I_{stat} - I_0)exp(-t/\tau) \qquad (3.3)$$

et correspond à une loi cinétique du premier ordre avec comme paramètre A(t)=I_{stat}-I_t (3.4) :

$$\frac{d[A(t)]}{A(t)} = -kdt \qquad (3.4)$$

avec k = $1/\tau$: constante de vitesse globale de formation des radicaux phénoxyles. Trois paramètres peuvent être définis pour comparer les échantillons témoins et les échantillons traités par les différents absorbeurs UV :

I_0 : intensité du signal avant irradiation et I_{stat} : intensité du signal à l'état stationnaire.

τ=1/k qui caractérise la vitesse avec laquelle on atteint l'état stationnaire en radicaux phénoxyles.

ρ=$(I_{stat}$-$I_0)/I_0$ exprime, à l'état stationnaire, l'augmentation relative de la concentration avant l'irradiation. Ce paramètre ρ est indépendant du gain utilisé pour l'analyse. Nous avons reporté sur les figures FIG. 3.38 et FIG. 3.39, les résultats du signal RPE obtenus lors de l'irradiation des échantillons de bois de sapin et de chêne avec les différents systèmes d'absorbeurs UV. L'imprégnation en surface du sapin et du chêne par ces produits ne modifie pas la nature des radicaux formés. Dans tous les cas, nous observons un signal singulet identique en forme et en largeur qui est attribué aux radicaux phénoxyles. Par contre les cinétiques de formation et les concentrations stationnaires des radicaux phénoxyles suivies par l'évolution de l'intensité du signal RPE avec la durée d'exposition au rayonnement sont influencées par le type d'absorbeur UV appliqué.

Les variations de couleur au cours du vieillissement étant attribuée à la formation des radicaux libres (voir chapitre bibliographie), nous avons placé les figures de résultats de changement de couleur en regard de celles du comportement photochimique des mêmes systèmes d'absorbeurs UV. Dans le cas du bois de sapin, nous observons que les absorbeurs UV diminuent fortement la concentration en radicaux libres par rapport au bois de sapin témoin. Ces résultats présentent des similitudes avec les résultats de changement de couleur correspondants puisque les valeurs de $\Delta E*$ étaient légèrement inférieures en présence d'absorbeur UV. Pour le bois de chêne, le cas de l'absorbeur UV Hombitec doit être souligné. Alors qu'avec cet absorbeur UV la variation de couleur est la plus faible, la concentration en radicaux libres est la plus forte. D'après les résultats présentés sur les deux figures précédentes, nous observons une différence de comportement des absorbeurs UV sur chacune des essences bois sapin et chêne, ce qui confirme bien le degré de complexité du bois de chêne que nous avons déjà mentionné lors de l'évaluation des performances de photostabilisation des absorbeurs UV.

Pour mieux comprendre l'influence des absorbeurs UV sur le comportement photochimique, nous avons reporté dans le tableau TAB. 3.10, les principaux paramètres (pré-

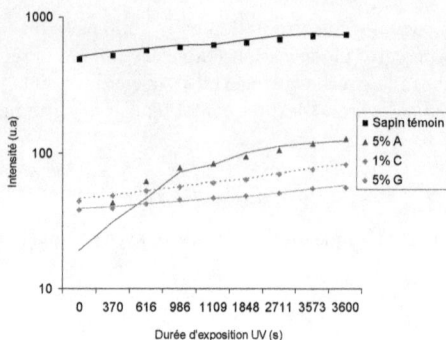

FIG. 3.38 – Génération des radicaux libres au cours de l'irradiation UV des différents systèmes d'absorbeurs UV dans la finition AF 5350 (cas du sapin) avec A : Rhodigard, C : Hombitec RM 400, G : Tinuvin 5151

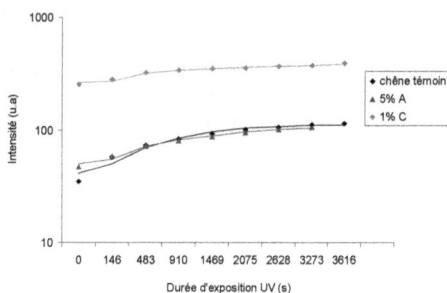

FIG. 3.39 – Génération des radicaux libres au cours de l'irradiation UV des différents systèmes d'absorbeurs UV dans la finition AF 5350 (cas du chêne) avec A : Rhodigard, C : Hombitec RM 400.

cédemment définis) des modèles des cinétiques de formation des radicaux au cours de l'irradiation UV.

Cas du bois de sapin

Nous observons que l'ajout des absorbeurs UV diminue fortement la concentration en radicaux libres à l'état stationnaire ($I_s tat$) et à l'état initial (I_0). La vitesse de formation des radicaux libres a été exprimée par τ qui caractérise la vitesse avec laquelle on atteint l'état stationnaire et par ρ qui exprime l'augmentation relative de la concentration avant irradiation. Seul le Rhodigard a permis la réduction de la vitesse pour atteindre l'état stationnaire avec toutefois une augmentation forte de la vitesse relative ρ. Par contre, les autres additifs (Hombitec et Tinuvin) n'ont pas modifié la cinétique de formation des radicaux phénoxyles : les constantes de temps ne présentent pas des valeurs significativement

TAB. 3.10 – Modélisation des courbes I_{RPE} en fonction du temps d'irradiation : paramètres avec A : Rhodigard, B : Hombitec RM 300, C : Hombitec RM 400, F : Tinuvin 1130, G : Tinuvin 5151.

Système	I_{stat} (u.a.)	I_0(u.a.)	τ(min)	ρ
Bois de sapin				
Témoin sapin	827	515	38	1
5% A	127	19	17	6
1% C	66	39	49	1
5% G	95	46	44	1
Bois de chêne				
Témoin chêne	115	42	18	2
5% A	105	50	21	1
1% C	390	262	14	1

différentes des valeurs pour l'échantillon de sapin témoin.

Cas du bois de chêne

Pour cette essence, l'Hombitec (1% C) se comporte de façon spéciale avec une augmentation considérable de la concentration des radicaux libres initiale et à l'état stationnaire et une diminution de la vitesse de formation τ et ρ.

3.3.3 Influence sur les propriétés physicomécaniques des films de finition

Nous avons trouvé au cours du chapitre 3 (Résultats) que certains absorbeurs UV comme l'Hombitec RM 300, l'Hombitec RM 400, le Tinuvin 1130, le Tinuvin 5151 et de façon moindre le Rhodigard présentent une bonne photoprotection des systèmes bois-finition en vieillissement intérieur (exposition UV). Toutefois, en vieillissement extérieur (vieillissement humide) les performances de photostabilisation sont différentes. En effet, nous avons observé que certains absorbeurs UV limitent l'apparition des craquelures (Tinuvin 1130, Tinuvin 5151), tandis que d'autres ne le permettent pas et l'apparition des craquelures commencent après un ou deux cycles de vieillissement. M. Oosterbroek et al (1991), rapportent que les changements chimiques induits par les radiations UV sont essentielles, mais ne peuvent à elles seules provoquer les craquelures sur une finition. Ils ajoutent que seul le développement d'une contrainte plus forte que la force de cohésion de la finition peut expliquer la formation des craquelures durant les vieillissements humides. Cette contrainte est le résultat des variations de température (exemple le chauffage durant l'exposition UV ou la condensation ou le refroidissement durant l'aspersion). Ces variations périodiques de température et les déformations du substrat bois durant le vieillissement extérieur (retrait et gonflement) peuvent générer des fortes contraintes sur la finition. Ce phénomène peut-être simulé par un substrat bois couvert d'une finition soumis à une force normale (N) et un moment (M) comme illustré sur la figure FIG. 3.40.

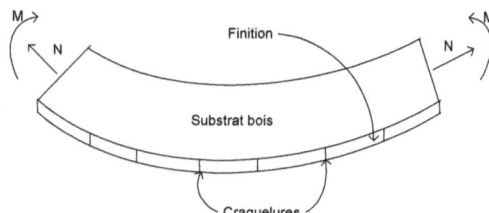

FIG. 3.40 – Schéma d'apparition des craquelures sur un substrat bois couvert d'une finition.

Suivant les caractéristiques physico-mécaniques des matériaux, ces contraintes peuvent induire des dommages comme le décollement et/ou l'apparition progressive des craquelures. Généralement l'apparition des craquelures sur une finition durant un vieillissement est liée aux propriétés physico-mécaniques du film de finition et particulièrement le passage à l'état vitreux traduite par la transition vitreuse [Podgorski et Merlin, 2001 ; Schmid, 1999].

Nous allons étudier dans ce chapitre ces relations et particulièrement l'influence des différents absorbeurs UV sur certaines caractéristiques comme la transition vitreuse, le module d'Young et les propriétés mécaniques comme la déformation et la force de rupture des films de finition.

3.3.3.1 Influence sur la T_g et le module d'élasticité

Parallèlement à l'étude du vieillissement accéléré du système complet bois-finition transparente, nous avons développé une étude de l'influence de l'ajout des différents absorbeurs UV sur les caractéristiques thermomécaniques des films de finition. Nous avons analysé par analyse thermomécanique (TMA) l'influence des additifs absorbeurs UV organiques et inorganiques sur la température de transition vitreuse et sur le module d'élasticité des films durcis des finitions. Nous avons porté notre intérêt sur la finition extérieure car c'est dans ces conditions d'utilisation que la souplesse du film de finition est un paramètre influençant la durabilité de la protection. En ambiance extérieure, le bois est soumis à des variations dimensionnelles importantes et le film de finition doit être suffisamment flexible pour suivre sans rupture et sans décollement les variations dimensionnelles du bois. Cette souplesse est généralement définie par la valeur de la T_g à partir de laquelle nous définissons l'état physique du film de finition (FIG. 3.41).

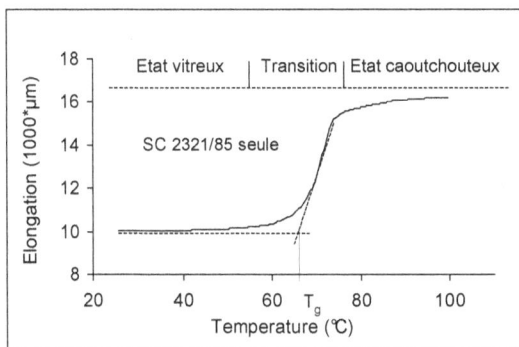

FIG. **3.41** – Les différents états physiques d'une finition (exemple finition SC 2321/85 seule).

En fonction de la température de service (Ts), l'état du film peut être [Hill et al, 1994] :
- Ts$<T_g$: le film est à l'état vitreux. Dans cet état, la déformation est faible et le film n'est pas facilement déformable.
- Ts$=T_g$: le film est en transition. La déformation commence à augmenter et le film devient de plus en plus facile à se déformer.
- Ts$>T_g$: le film est caoutchouteux. La déformation est très grande permettant une bonne mobilité des chaînes de polymères constituant le film de finition.

Les résultats obtenus avant vieillissement en TMA sur les films obtenus à partir des différentes formulations sont reportés sur le tableau TAB. 3.11.

Pour les trois résines, les valeurs de la T_g sont très élevées en particulier pour la finition extérieure. Cette forte valeur implique que la finition est dans son état vitreux à la température d'utilisation. De ce fait, le film de finition sera dur et cassant et ne pourra suivre sans rupture les variations dimensionnelles du bois lors d'un vieillissement en conditions extérieures.

TAB. 3.11 – T_g et module d'élasticité avant vieillissement obtenus par analyse thermomécanique avec A : Rhodigard, B : Hombitec RM 300, C : Hombitec RM 400, F : Tinuvin 1130, G : Tinuvin 5151.

système	T_g (°C)			Module d'Young à 60°C (MPa)		
	AF 7240	AF 5350	SC 2321/85	AF 7240	AF 5350	SC 2321/85
Finition seule	64	35	68	20	2	40
1% RNE	-	33	-	-	1	-
2,5%A	61	35	64	15	1	30
5% A	55	32	66	6	1	32
1% B	57	29	53	8	2	4
1% C	52	30	55	5	1	3
2% A+ 2% G	55	33	58	5	2	3
3% F	56	29	53	7	2	3^a
5% G	49	32	66	3	2	4^b

[a]La valeur du module d'Young est prise à 58.5°C
[b]La valeur est prise à 53.7°C

L'ajout des absorbeurs UV abaisse la T_g par un effet de plastification. Cet abaissement est plus important pour les absorbeurs UV organiques qui présentent une stérie plus importante. La mesure des modules d'élasticité à 60°C des films de finition met en évidence des différences importantes entre les trois résines testées. Il faut toutefois noter que les deux finitions AF 7240 et SC 2321 sont analysées à une température inférieure à leur T_g donc dans leur état vitreux alors que la résine AF5350 est dans un état caoutchouteux. Cette observation est également à prendre en compte dans l'analyse de l'influence des additifs : pour les deux résines analysées à une température inférieure à T_g, les additifs organiques abaissent fortement le module d'élasticité, pour la finition extérieure, l'ajout des UVA organiques fait tellement chuter la cohésion du film que la rupture est atteinte avant 60°C.

Les faibles modules mesurés correspondent à des températures de 58.5°C et 53.7°C respectivement pour les films obtenus avec la finition extérieure contenant le Tinuvin 1130 et le Tinuvin 5151. Généralement, dans la littérature [Perera,, 2004], l'ajout des pigments dans les résines conduit à tous les cas de figures : dans certains cas la présence des pigments peut laisser la T_g inchangée ou causer une diminution. Dans d'autres cas, par contre, leur présence induit une augmentation de la T_g. Cette T_g est dépendante de la nature des liaisons entre la résine et le pigment telles que liaisons covalentes, ioniques ou de type Van der Waals.

Les résultats de suivi au cours du vieillissement, de la variation de la T_g des différents systèmes d'absorbeurs UV sont présentés sur la figure FIG. 3.42 et FIG. 3.43 pour les finitions AF 5350, AF 7240 respectivement. Sur les figures FIG. 3.44 et FIG. 3.45 sont présentées les variations de la T_g de la finition SC 2321/85 en exposition UV et en vieillissement avec humidité respectivement. Parallèlement, nous présentons la variation d'élasticité des différents systèmes d'absorbeurs UV pour la finition SC 2321/85. Le tableau TAB. 3.12 donne la valeur du module d'Young pour chaque système avant et après vieillissement sec et humide.

TAB. 3.12 – T_g et module d'élasticité avant vieillissement obtenus par analyse thermomécanique avec A : Rhodigard, B : Hombitec RM 300, C : Hombitec RM 400, F : Tinuvin 1130, G : Tinuvin 5151.

Système	E avant vieillissement	E après 400h d'exposition UV	E après 504 h de vieillissement humide
SC2321/85 seule	41	120	91
5% A	30	107	60
1% B	32	113	75
1% C	40	116	113
2% A+ 2% G	3	64	67
3% F	3^a	6,9	22,4
5% G	$3,4^b$	12	40

[a]La valeur du module d'Young est prise à 58.5°C
[b]La valeur est prise à 53.7°C

Au cours du vieillissement, nous observons une augmentation simultanée de la T_g et de l'élasticité de tous les systèmes. Les anti-UV employés dans nos essais ont selon leur nature (minérale ou organique) un comportement qui leur est propre.

Il est apparu clairement que les finitions contenant des absorbeurs inorganiques s'avèrent très différentes des formulations contenant les absorbeurs organiques.

- Les absorbeurs UV organiques font diminuer le module d'élasticité et la T_g par rapport à la finition seule.

- Les absorbeurs UV inorganiques par contre, induisent des valeurs d'élasticité et de T_g plus hautes.

Selon les résultats de vieillissement présentés au section 3.2 (Performances de photostabilisation), la formation des craquelures sur les systèmes de finition semble être liée aux changements de T_g pendant l'exposition au vieillissement : les systèmes 3% F et 5% G, qui ont une meilleure durabilité ont des valeurs de T_g inférieure à celle des absorbeurs inorganiques (systèmes 5% A, 1% B et 1% C par exemple).

Cette observation est capitale en terme de performances de photostabilisation et de capacité à limiter l'apparition des craquelures. Ce point est à prendre en compte dans l'amélioration des anti-UV existants et le développement de nouveaux absorbeurs UV.

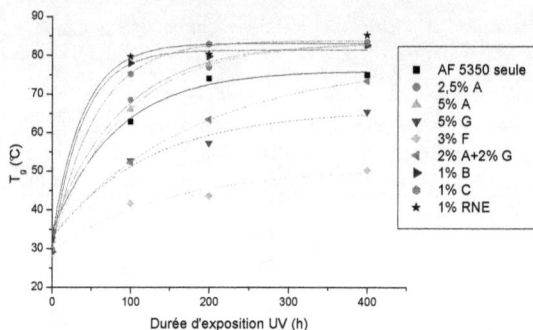

FIG. 3.42 – Variations de la T_g au cours de l'exposition UV de la finition AF 5350 avec A : Rhodigard, B : Hombitec RM 300, C : Hombitec RM 400, D : Oxyde de fer jaune transparent, E : Oxyde de fer rouge transparent, F : Tinuvin 1130, G : Tinuvin 5151

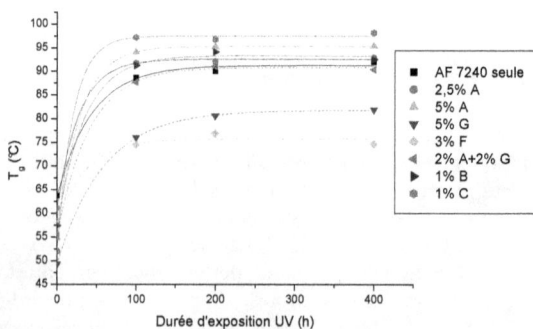

FIG. 3.43 – Variation de la T_g au cours de l'exposition UV de la finition AF 7240 avec A : Rhodigard, B : Hombitec RM 300, C : Hombitec RM 400, F : Tinuvin 1130, G : Tinuvin 5151.

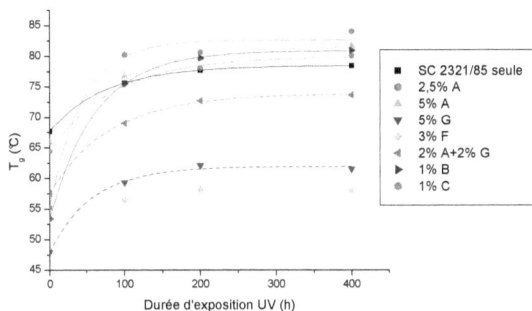

FIG. 3.44 – Variation de la T_g au cours de l'exposition UV de la finition SC 2321/85 avec A : Rhodigard, B : Hombitec RM 300, C : Hombitec RM 400, F : Tinuvin 1130, G : Tinuvin 5151.

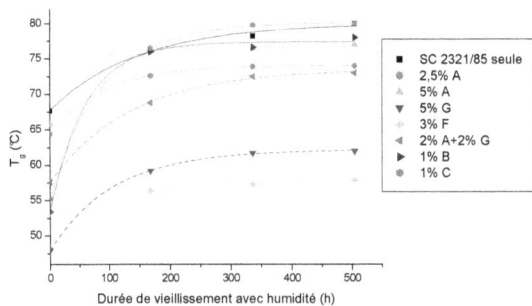

FIG. 3.45 – Variation de la T_g au cours du vieillissement avec humidité de la finition SC 2321/85.

3.3.3.2 Etude du composite bois/finition

L'étude des causes d'apparition et de formation des craquelures a montré que le durcissement excessif de la couche superficielle joue un rôle déterminant.

Le processus du vieillissement, en particulier en vieillissement humide, se traduit par un durcissement de la couche superficielle du film de finition, consécutif à un accroissement très net de sa température vitreuse. Ce processus de vieillissement est affecté aussi par la contrainte induite par les déformations du bois dues au phénomène de gonflement et de retrait. A cet égard, cette partie de notre étude porte sur l'analyse thermomécanique en flexion trois points de la flexibilité du composite bois-résine de finition obtenu en appliquant la formulation sur un placage de bois d'épaisseur environ 0,5 mm. Ce placage simule la couche supérieure d'un ouvrage massif en interaction d'une part avec les constituants de la résine de finition et d'autre part avec les paramètres physico-chimiques de l'environnement en particulier les photons du rayonnement solaire.

Quatre systèmes ont été étudiés :

√ Bois de contrôle (bois brut)

√ Bois couvert d'une finition seule sans absorbeurs UV (finition seule)

√ Bois couvert d'une finition+5% Rhodigard (5% A)

√ Bois couvert d'une finition+5% Tinuvin 5151 (5% G).

Un exemple des résultats trouvés pour le bois de sapin et le bois de chêne avec la finition SC 2321/85 est présenté sur la figure FIG. 3.46et FIG. 3.47.

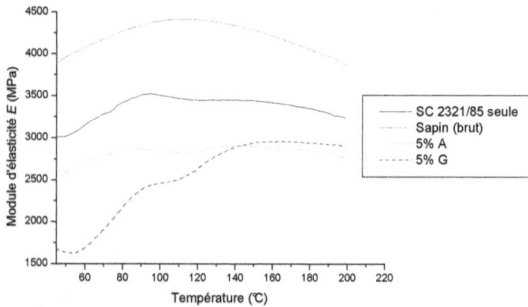

FIG. 3.46 – Module d'Young en flexion trois points mode dynamique pour le bois de sapin avec A : Rhodigard et G : Tinuvin 5151.

Tous les résultats sont récapitulés dans le tableau pour les trois finitions utilisées.

Le module d'Young donné a été mesuré à 60°C, température qui correspond à la température de vieillissement.

Les résultats obtenus montrent que :

i. L'addition des absorbeurs organiques (cas du Tinuvin 5151) tend à abaisser le module d'élasticité du composite avec un effet plus marqué pour la finition extérieure (TAB. 3.13). Par exemple, le module d'Young à 60°C sur du chêne, passe de 4265 pour la finition SC 2321/85 seule à 2382 MPa après ajout de 5% Tinuvin 5151.

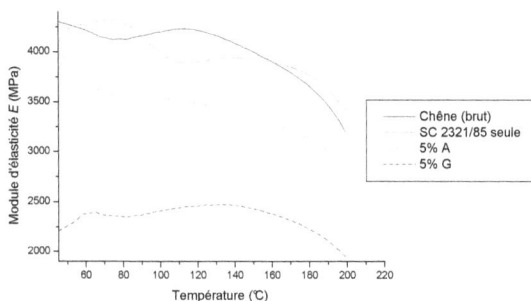

FIG. 3.47 – Module d'Young en flexion trois points mode dynamique pour le bois de chêne avec avec A : Rhodigard et G : Tinuvin 5151.

ii. L'addition des absorbeurs inorganiques (comme le Rhodigard) fait diminuer le module d'élasticité des films de finition, mais de façon moins importante que les absorbeurs organiques (i.e. par exemple : le module d'élasticité du film de finition après ajout du Rhodigard est de 2767 MPa sur le sapin) contre 1987 pour le Tinuvin 5151 alors qu'il est de 3167 MPa pour la finition seule.

TAB. 3.13 – Valeurs du module d'élasticité E pour les différents systèmes de composites.

Système de finition	E à 60°C (MPa)		
	chêne	sapin	tauari
Bois brut (non couvert)	4207	4084	8699
SC2321/85 seule	4265	3167	5490
SC2321/85 +5% Rhodigard	3691	2767	4527
SC2321/85 +5% Tinuvin 5151	2382	1987	-
AF7240 seule	2872	2732	3737
AF7240 +5% Rhodigard	2970	2979	3070
AF7240 +5% Tinuvin 5151	2520	2935	-
AF 5350 seule	2019	2330	2678
AF 5350 +5% Rhodigard	2052	1692	2753
AF 5350 +5% Tinuvin 5151	2529	804	-

Ces résultats confortent l'hypothèse de limitation de l'apparition des craquelures par les absorbeurs UV organiques qui abaissent la T_g des films de finition. Ainsi, nous pouvons conclure que les absorbeurs UV organiques abaissent la T_g des films de finition ainsi que le module d'élasticité ce qui limite l'apparition des craquelures.

3.3.3.3 Influence des absorbeurs UV sur le comportement mécanique

En général les comportements charge/déformation sous tension sont les propriétés mécaniques les plus reportées pour comparer les matériaux ou pour désigner une application. Ce comportement est traduit par la valeur des propriétés mécaniques comme :

◇ Force (effort) : charge/ section transversale du film   (MPa)
◇ Déformation : (élongation/ longueur initiale)*100%   (%)
◇ Résistance à la traction : Force de rupture   (MPa)
◇ Déformation à la rupture : déformation maximale   (%)

Les résultats de l'allongement pour la traction renseignent sur le comportement des films de finition, à savoir s'ils sont fragiles ou ductiles (FIG. 3.48). Le comportement en traction des films de finition intérieure est de type fragile tandis que celui de la finition d'extérieur est de type ductile.

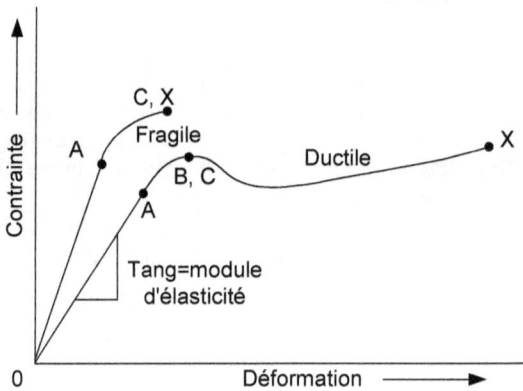

FIG. **3.48** – Schématisation des comportements possibles d'un film de finition en contrainte-déformation (avec A : limite proportionnelle, B : limite élastique, C : charge ultime, X : rupture, 0-A : région élastique et au delà de A : région plastique)

L'ensemble des des résultats des essais de traction sont donnés sur le tableau suivant (TAB. 3.14).

L'influence des absorbeurs UV sur les propriétés mécaniques comme la résistance à la traction et la déformation à la rupture est variable.

    i. Le Rhodigard à hauteur de 2,5% et de façon moindre à 5% dans les différentes finitions permet une augmentation des propriétés mécaniques et surtout celle de déformation à la rupture.

    ii. Le Tinuvin (3% F et 5% G) fait diminuer la résistance à la traction, surtout dans le cas de la finition SC 2321/85. Des résultats semblables ont été enregistrés par analyses thermomécaniques où les absorbeurs UV organiques font tellement chuter la cohésion du film que la rupture est atteinte avant 60˚C avec des faibles modules d'élasticité.

TAB. 3.14 – Résistance à la traction et déformation à la rupture des différents systèmes d'absorbeurs UV avec A : Rhodigard, F : Tinuvin 1130, G : Tinuvin 5151.

Finition	Absorbeur UV	Résistance à la traction (MPa)	Déformation à la rupture (%)
AF 5350	Finition seule	6,2	197
	2,5% A	6,1	301
	5% A	7,4	182
	3% F	6,5	225
	5% G	3,3	224
	2% A + 2% G	6,8	192
AF 7240	Finition seule	4,8	99
	2,5% A	4,1	182
	5% A	4,4	140
	3% F	5,2	148
	5% G	6,4	139
	2% A + 2% G	4,3	104
SC 2321/85[a]	Finition seule	3,03	5
	2,5% A	4,63	5
	5% A	3,41	5
	3% F	2,46	5
	5% G	2,22	4
	2% A + 2% G	3,57	5

[a]Ces résultats correspondent à la charge ultime et non à la charge de rupture.

Conclusion générale et perspectives

Ce travail de thèse est avant tout, une étude exploratoire et comparative qui s'inscrit dans le cadre d'un domaine de recherche, les absorbeurs UV pour le bois. Le développement des absorbeurs UV inorganiques devient nécessaire pour remplacer les absorbeurs UV organiques dérivés de la pétrochimie. Les raisons principales de cette orientation ont été détaillées dans le préambule du rapport.

Les absorbeurs UV inorganiques ont été jusque là des produits de 1re génération qui servaient comme pigments minéraux dans les finitions du bois et particulièrement pour la coloration. Si le développement de ce type de produits a déjà fait ses preuves en cosmétologie, cette approche est nouvelle pour la stabilisation des finitions transparentes pour le bois.

En collaboration avec d'autres laboratoires de recherches et nos partenaires industriels, deux nouveaux produits inorganiques ont été synthétisés et testés : le Rhodigard à base d'oxyde de cérium et le RNE de formule chimique $Y_{1,2}Ce_{2,8}O_{7,4}$.

Pour une étude plus large et plus complète, nous nous sommes intéressés à d'autres produits de 1re génération existants sur le marché, à savoir l'Hombitec à base d'oxyde de titane et l'oxyde de fer (absorbeurs UV inorganiques) et le Tinuvin (absorbeur organique).

Ces choix ont permis de fixer les objectifs initiaux de ce travail, à savoir :

       1. Tester les performances de photostabilisation des nouveaux produits par rapport à celles des produits de 1re génération,

       2. Etudier les mécanismes de stabilité de la couleur par ajout de ces produits anti-UV,

       3. Etudier l'influence des absorbeurs UV sur le comportement physico-mécanique des films de finition lors du vieillissement.

Partant de critères de sélection spécifiques aux absorbeurs UV inorganiques que ce soit pour le bois, les plastiques ou les cosmétiques, nos partenaires ont pu synthétiser quelques produits inorganiques. Parmi ces produits, le Rhodigard et puis le RNE ont pu répondre à ces critères comme les critères physiques (absorption UV et transmission dans le visible) et les critères chimiques (tests photocatalytiques).

Une question s'est posée alors : **Ces absorbeurs UV inorganiques peuvent-ils réellement photostabiliser des systèmes bois-finition transparente ? Et pourquoi ?**

Après les tests préliminaires de présélection, les absorbeurs UV ont été incorporés dans trois résines modèles de finition aqueuse pour une utilisation intérieure (finitions AF 5350 et AF 7240) et extérieure (SC 2321/85) puis testés sur trois essences de bois : chêne, sapin et tauari.

De tels produits sont nouveaux et n'ont jamais été testés sur du bois, ce qui nous a conduit à envisager de nombreuses possibilités. Il est apparu dans cette étude que 5% de Rhodigard nanodispersé est une proportion d'utilisation optimale. Le RNE quant à lui, fourni en poudre, a été testé uniquement à hauteur de 1% vu les difficultés de dispersion dans les finitions. Par rapport aux absorbeurs UV organiques ou inorganiques de 1re génération, ces nouveaux produits ont permis pour partie, de satisfaire la conservation de la transparence des finitions.

Face à un matériau naturel, hétérogène et dynamique (déformable) tel que le bois, les résultats pour l'évaluation des performances de photostabilisation sont assez variables non seulement en fonction de l'essence de bois et du type de résine utilisés mais aussi suivant le type de vieillissement (sec ou humide).

Pour les applications intérieures (vieillissement sec), les nouveaux absorbeurs UV inorganiques offrent une photostabilisation relativement faible. En effet, il a été montré à l'aide des spectres UV-visible qu'à ce stade de l'étude, les nouveaux absorbeurs UV ne présentent qu'un faible pouvoir de photoprotection. L'augmentation de la proportion du Rhodigard de 2,5 à 5% dans la finition, si elle améliore l'absorbance des radiations UV, ne permet pas d'atteindre les performances de photoprotection des hombitecs ou celles des absorbeurs organiques.

Par ailleurs, nous avons observé que les absorbeurs UV diminuent fortement la concentration en radicaux libres par rapport au bois témoin et particulièrement pour le bois de sapin. Ces résultats présentent des similitudes avec les résultats de changement de couleur correspondants.

Pour les applications extérieures (en vieillissement humide), les résultats montrent particulièrement que la formation des craquelures sur les systèmes de finition semble être liée aux changements de T_g pendant l'exposition au vieillissement : les systèmes contenant le Tinuvin 1130 (3% F) et le Tinuvin 5151 (5% G) qui ont une meilleure durabilité ont des valeurs de T_g inférieure à celle des absorbeurs inorganiques comme le Rhodigard (5% A), l'Hombitec RM 300 (1% B) ou l'Hombitec RM 400 (1% C) par exemple. Cette observation est capitale en termes de performances de photostabilisation et de capacité à limiter l'apparition des craquelures. Ce point est à prendre en compte dans l'amélioration des anti-UV inorganiques existants et le développement de nouveaux absorbeurs UV.

Des combinaisons d'absorbeurs UV organiques et inorganiques ont été effectuées afin d'améliorer le pouvoir photoprotecteur et synergique entre ces deux types d'absorbeurs. A cet égard, les mélanges Tinuvin-Rhodigard donnent des résultats satisfaisants. Cependant, nous avons noté des comportements de photostabilisation différents entre le bois de sapin et de tauari d'une part et le bois de chêne d'autre part. Ce dernier présente une grande complexité dûe particulièrement à la présence des extractibles qui posent le problème de remontée de tannins en contact avec l'eau et l'oxygène.

Il a fallu développer des solutions pour pallier les problèmes rencontrés surtout en vieillissement humide. Citons l'ajout d'une couche isolante et l'application d'un prétraitement. La première solution sert à bloquer la remontée des tannins à la surface du bois de chêne et la deuxième est destinée à stabiliser les lignines du bois.

L'amélioration des performances en présence de la couche barrière est surtout perceptible dans le cas de l'absorbeur UV Hombitec RM 400 puisque les autres paramètres de suivi évoluent dans un sens favorable : moins de craquelage, une rugosité plus faible et une apparence générale plus satisfaisante.

D'autre part, nous avons observé que l'application du prétraitement donne de meilleurs résultats de photostabilisation de la couleur, et ce particulièrement avec le Rhodigard. A cet égard, l'application de lignostab comme prétraitement permet par rapport à l'utilisation du Rhodigard seul, une différence de photoprotection ($\triangle E^*$) supérieur à 15 pour le sapin et 6 pour le chêne au bout de 140 heures de vieillissement sec.

Même si les performances de photostabilisation des absorbeurs UV inorganiques testés sont en deçà de nos attentes, les résultats sont intéressants. Si aujourd'hui leur utilisation reste problématique, il faudrait néanmoins souligner les avantages théoriques de ces derniers (tests photocatalytiques satisfaisants...).

La production d'un absorbeur UV inorganique performant nécessite la prise en compte de nombreux facteurs qu'il faudrait optimiser. Ce travail exploratoire offre la possibilité d'identifier ces facteurs et leur intéraction. La compréhension, plus complète, de la synthèse (structures...), l'utilisation (dispersion nanométrique...) et l'intéraction de ces absorbeurs UV inorganiques avec les résines et avec le substrat bois (notamment les extractibles) ouvre de larges perspectives d'études afin d'améliorer ces performances.

Annexe A

Résultats annexes

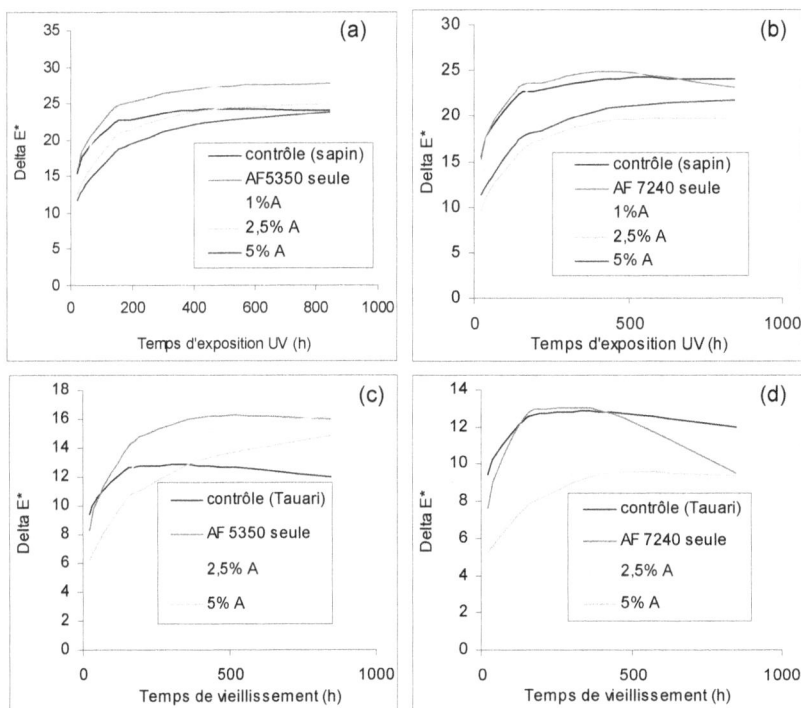

FIG. A.1 – Résultats de vieillissement sec sur le bois de sapin et de tauari pour la finition AF 7240 et AF 5350 avec différentes proportions de Rhodigard (A).

137

Tab. A.1 – Changement de couleur du bois après addition d'absorbeurs UV/contrôle (contrôle AF 7240 seule)

Essences du bois	Traitement[a]	Paramètres de couleur			
Sapin	-	$\Delta L*$	$\Delta a*$	$\Delta b*$	$\Delta E*$
	AF 7240	$81,5^1$	$2,6^1$	$25,8^1$	-
	5% A	-4,1	1,8	5,1	7
	1% B	0,4	1,9	-10,6	11
	1% C	-1,5	1,7	0,1	2
	1% D	-6,4	9,6	26,5	29
	1% E	-23,7	34,2	20,3	46
	3% F	-5,5	0,3	-1,4	6
	5% G	-0,8	0,2	-1,6	2
Chêne	AF 7240	$52,6^1$	$7,3^1$	$23,6^1$	-
	5% A	-8,3	1,4	-6,1	10
	1% B	10,7	-1,1	-14,2	18
	1% C	11,7	-1,3	-9,0	15
	1% D	5,2	5,3	13,9	16
	1% E	-4,7	18,2	8,0	20
	3% F	4,9	0,6	2,1	5
	5% G	1,1	1,3	-0,7	2

[a] A : Rhodigard, B : Hombitec RM 300, C : Hombitec RM 400, D : Oxyde de fer jaune transparent, E : Oxyde de fer rouge transparent, F : Tinuvin 1130, G : Tinuvin 5151
[1] présente la valeur de couleur L*, a* ou b* suivant la colonne $\Delta L*$, $\Delta a*$ ou $\Delta b*$ respectivement

TAB. A.2 – Changement de couleur du bois après addition d'absorbeurs UV/contrôle (contrôle AF 5350 seule)

Essences du bois	Traitement	Paramètres de couleur			
Sapin	-	$\Delta L*$	$\Delta a*$	$\Delta b*$	$\Delta E*$
	AF 5350 seule	$80,3^1$	$3,1^1$	$23,1^1$	-
	1% RNE	0,8	0,4	-0,4	1
	5% A	-3,8	1,6	3,3	5
	1% B	3,8	0,6	-6,7	8
	1% C	2,7	-0,6	2,7	4
	3 % F	-2,2	0,5	1,9	3
	5% G	2,7	-1,4	-0,7	3
	AF 5350 seule	$60,7^1$	$6,8^1$	$24,1^1$	-
Chêne	1% RNE	-3,3	1,8	0,2	4
	5% A	-9,4	1,3	-2,4	10
	1% B	3	0,5	-10,8	11
	1% C	2,1	0,7	-5	5
	3% F	-2,2	0,1	-0,2	2
	5% G	-4,6	1,5	-0,5	5

Annexe B

Caractéristiques des essences de bois utilisées[1]

---

[1]Notes : Ces essences de bois regroupent plusieurs espèces dont les propriétés et l'aspect du bois peuvent varier de façon notable suivant la provenance et les conditions de croissance des bois.

Le sapin[1]

Provenance :
Bois d'Amérique du nord, Amérique centrale, Afrique, Europe

Nom scientifique :
Abies grandis alba

Appellations courantes :
Sapin de Vancouver, sapin grandissime, silver fir, tall silver fir, Vancouver den, Vancouver-gran, vancouvergran, western balsam fir, western white fir, white fir, yellow fir...

Description de la grume et du bois :
Le diamètre de la grume de sapin peut atteindre 1,5 m avec une hauteur atteignant 40 à 75 m. Le fil du bois est généralement droit. L'aubier est non distinct du duramen. Le bois varie du blanc au rouge brun.

Propriétés physico-mécaniques :
Le pourcentage de retrait déterminé à 6% d'humidité est :
Retrait tangentiel   6%
Retrait radial   2,7%
Retrait volumique   8,8%
Les propriétés mécaniques prises à l'état sec :
Contrainte de rupture en compresion parallèle   36,5 MPa
Module d'élasticité longitudinal (flexion 4 points)   10,8 GPa

Durabilité :
Le duramen est non durable

Utilisation :
Charpente, pâte à papier, parquets, escaliers, contreplaqué, ameublement, menuiserie intérieure.

---

[1]D'après la fiche extraite de Technology transfer fact sheet USDA Center for wood anatomy Research

Le tauari[1]

Provenance :
Bois d'Amérique du Sud.

Nom scientifique :
Couratari spp.

Appellations courantes :
Couatari, tabari, ingipipa, tampipio

Description de la grume et du bois :
Le diamètre de la grume de tauari peut atteindre 80 cm. Le fil du bois est droit.
L'aubier est non distinct du duramen. Le bois est blanc crème, blanc rosâtre ou
blanc gris jaunâtre selon les espèces. L'odeur est désagéable à l'état vert.

Propriétés physico-mécaniques :

densité	0,62
Retrait tangentiel	7%
Retrait radial	4,5%
Contrainte de rupture en compresion parallèle	48 MPa
Résistance en flexion statique (flexion 4 points)	87 MPa
Module d'élasticité longitudinal (flexion 4 points)	14,5 GPa

Durabilité :
Sauf mention particulière relative à l'aubier, les caractéristiques de durabilité
concernent le duramen des bois arrivés à maturité ; l'aubier doit toujours être considéré comme présentant une durabilité inférieure à celle du duramen vis-à-vis des
agents biologiques de dégradation du bois.

Résistance au champignons	classe 5 - non durable
Résistance aux termites	classe S - sensible
Résistance aux insectes de bois sec	sensible

Utilisation :
Escaliers, moulures et panneaux décoratifs, contreplaqué, Emballages et surembal-
lages, ameublement, menuiseries extérieures, charpente, tournage, lambris, menuiserie intérieure, lamellé-collé, parquets.

---

[1]Extrait de la fiche réalisée par le CIRAD-France.

Le chêne[1]

Provenance :
Feuillus tempérés d'Europe et d'Amérique

Nom scientifique :
Quercus spp.

Appellations courantes :
Chêne

Description de la grume et du bois :
Le fil du bois est droite. L'aubier est bien distinct du duramen. Le bois est blanc.

Propriétés physico-mécaniques :

densité	0,675
Retrait tangentiel	9%
Retrait radial	5,5%
Contrainte de rupture en compresion parallèle	55 MPa
Module d'élasticité longitudinal (flexion 4 points)	11,875 GPa

Durabilité :
Sauf mention particulière relative à l'aubier, les caractéristiques de durabilité concernent le duramen des bois arrivés à maturité ; l'aubier doit toujours être considéré comme présentant une durabilité inférieure à celle du duramen vis-à-vis des agents biologiques de dégradation du bois.

Résistance au champignons	classe 2 - durable
Résistance aux termites	classe M - moyennement durable

Imprégnabilité :
4 - non imprégnable

Utilisation :
Structures , construction navale, escaliers, ameublement, menuiseries extérieures, charpente, lambris , décoration, menuiserie intérieure, parquets, tonnellerie.

---

[1]Extrait de la fiche réalisée par le CIRAD-France.

Annexe C

Fiches techniques des Finitions

SAYERLACK

INNOVATIVE WOOD SOLUTIONS   is a brand of   **ARCH**   Arch Chemicals, Inc.

Date of issue: 24/01/02

Page 1 of 2

TECHNICAL DATA SHEET

supersedes previous issue dated 14/09/99

AF 53**	CLEAR WATERBORNE SELF-PRIMING TOPCOAT FOR PARQUET FLOORING

Gloss:	20, 50 and 80 gloss ± 2
Area of use:	Specifically formulated for parquet floors.
Method of use:	Brush: ready to use. Roller: thin 10% with drinking water.

Technical characteristics

Solids content (%):	34 ± 1
Specific gravity (kg/l):	1.030 ± 0.030
Viscosity (DIN 4 at 20°C):	20'' ± 3''

General characteristics

Drying time (80 g/m² at 20°C 65% humidity):	Dust free	15'-20'
	Touch dry	30'-40'
	Overcoatable:	1 hour
	Sandable:	4 hours
	Foot traffic:	24 hours
Recommended application weight (g/m²):	Min. 50, Max. 80.	
Spreading rate (m²/kg):	12-14	
Number of coats:	Max. 3.	
Shelf-life (months):	15	

AF 53** is a one-pack clear waterborne self-priming topcoat for use on parquet flooring, an application that requires special characteristics of elasticity, hardness, abrasion resistance, ease of application by roller and brush, and ease of touching-up and maintenance.

Method of use

On untreated surfaces fill any cracks using binder XT 590 mixed with the sawdust obtained by wood floor smoothing. To this purpose, also AU 447 can be used.

When the filler has dried, sand the floor carefully using 80-120 grit sandpaper. Remove the sanding dust with a vacuum cleaner before applying the coating.

Apply the first coat of AF 53** thinned 10% with drinking water using a roller or a brush. Make sure that the product is well spread and there are no areas of build-up.

After 3-4 hours, when drying is complete, the product is ready for sanding. It is preferable to sand manually using 150-180 grit paper or with mechanical systems using 220-240 grit paper. Then apply a second coat, followed by a third coat after 1-2 hours without sanding.

Some resinous timbers (such as iroko, merbau, etc.) contain coloured substances that tend to be dissolved by the product during application. To avoid this problem when coating these timbers, apply the waterborne basecoat AU 447 as an initial barrier coat or HU 3050.

To obtain higher chemical-physical resistance and greater hardness, we recommend adding 1% cross-linking additive XA 4080 to the last coat of AF 53**.

Do not allow the product to build up in any areas and make sure that it is spread uniformly and with the recommended application weight of about 70-80 g/m² for each coat. This can easily be achieved using normal brush application. Higher application weights require much longer drying times.

For maintenance of parquet floors already coated with AF 53** or other types of clear coating (including solvent-based coatings), sand well using 150 grit sandpaper, clean the substrate, then

SAYERLACK
INNOVATIVE WOOD SOLUTIONS   is a brand of   **ARCH**   Arch Chemicals, Inc.

Date of issue:
24/01/02

Page 2 of 2

TECHNICAL DATA SHEET

AF 53**	CLEAR WATERBORNE SELF-PRIMING TOPCOAT FOR PARQUET FLOORING

apply one or two coats of AF 53** as described above. Make sure that the surfaces are free of grease and/or synthetic wax.

Spray application of AF 53** is not recommended. Actually, with this application method it is easy to exceed in quantity with the consequent possibility of several inconveniences such as detachment of the coating film from the wood substrate. In case spray application is strictly required, we suggest to use AF 72**.

Special instructions

Accidental application of thick layers of product may cause spots and cissing and slow down drying to such an extent that the film lifts from the wood.

Keep from freezing: store in areas where temperatures do not fall below 5°C.

During application and drying, the ambient temperature and the temperature of the coating must be no lower than 10°C.

Use only drinking water for thinning.

Mix the product using a stick or a spatula. Avoid stirring too vigorously not to incorporate air in the product which may lead to the formation of bubbles during application.

Ventilate the room during and after application to improve drying.

The coated floor is ready for foot traffic the next day.

After application wait 48-72 hours before placing furniture or carpets on the floor.

For the first 2-3 weeks the coating is not perfectly dry and remains slightly sensitive to water. If the floor is washed and/or water deposits in some areas after treatment, this may give rise to reversible blooming on the film of coating.

Wash working tools immediately with water. Dried coating can be removed by washing with acetone.

Coating residues must be disposed of in accordance with current legislation. Do not pour residues down drains.

Due to the great number of exotic timbers available on the market, it is advisable to perform a preliminary test to verify that the product does not undergo cissing, blushing or lifting caused by substances contained in the wood.

N.B. Data provided on this Technical Data Sheet correspond to our best knowledge and experience. For accurate conformity on the chemical-physical characteristics of our products, within the presence (limit specified) on our Technical Data Sheets. Responsibility of final use in all product application, is fully up to the users, who shall make sure that the product corresponds to their own needs with regard to application system in substrates used as well as to working conditions.
WARNING: Actual viscosity of some pigmented and/or thixotropic products may differ from the viscosity shown on the Technical Data Sheet. Differences are to be regarded as acceptable if within 30% maximum.
ARCH COATINGS ITALIA S.P.A. – Via del Fiffo, 12 – 40065 Pianoro (Bologna – Italy) – phone +39-051-770611 – fax +39-051-770527 – www.archcoatings.it

SAYERLACK®
INNOVATIVE WOOD SOLUTIONS is a brand of ARCH Arch Chemicals, Inc.

Date of issue:
28/03/03

Page 1 of 2

TECHNICAL DATA SHEET

supersedes previous issue dated 08/07/02

| AF 72** | HYDROPLUS: WATERBORNE CLEAR MATT SELF-SEALER FOR INTERIORS |

Gloss:	10, 20, 30, 40, 60 gloss
Area of use:	Doors, furniture, turned parts, frames, skirting boards, wall panelling, stairs
Method of use:	Conventional, airmix, airless, electrostatic spray gun (provided that any equipment used is suitable for waterborne products)
Mixing procedure:	Ready to use. If necessary, thin with drinking water.
Preparation of the substrate:	With waterborne stains range AC1400/XX or AP1221/XX.

Technical characteristics

Solids content (%):	31 ± 1
Specific gravity (kg/l):	1.040 ± 0.030
Viscosity (DIN 4 at 20°C):	80" ± 5"

General characteristics

Number of coats:	2	
Recommended application weight (g/m²):	Min. 80, Max. 140 per coat	
Drying time (100 g/m² at 20°C):	Dust free	30'
	Touch dry	60'
	Sandable:	4 hours
	Stackable:	24 hours
Forced drying (100 g/m² at 35°C):	Flash-off:	15'
	Hot air 35°C:	45'
	Cooling:	15'
Shelf-life (months):	15	

AF 72** is a clear matt self-sealer for interiors which ensures an excellent chemical resistance, hardness, transparency and resistance to thermoplasticity.

Thanks to the contents of acrylic/polyurethane resins and to its properties of excellent pore marking, it is particularly suitable for two-coat systems for open pore.

AF 72** may be tinted with small quantities of waterbased stains from series AC 600/XX or AC 1400/XX.

The good vertical hold and hardness, together with the excellent chemical resistance, make AF 72** suitable for application on stairs, where foot traffic is not particularly intense.

Abrasion resistance tests carried out in our laboratories according to the regulation ASTM D 4060-81 using a Taber Abraser equipment with CS 17 grinding wheel, have resulted into medium to high levels of abrasion resistance.

Moreover, AF 72** exceeds the 1 B level of resistance to chemical agents as per DIN 68861 part 1.

The addition of 1% of XA4080 crosslinker is advised when the coated surface is to be exposed to conditions of particular wear and contact with chemicals such as furniture for bars, kitchens, bathrooms, etc. After addition of the crosslinker, viscosity of AF72** increases slightly during a 7-day period; as a result, we recommend its use in 1:1 blend with fresh product. The crosslinker shall be added again to the blend before use.

SAYERLACK

INNOVATIVE WOOD SOLUTIONS   is a brand of   **ARCH**   Arch Chemicals, Inc.

TECHNICAL DATA SHEET

supersedes previous issue dated 08/07/02

AF 72**	HYDROPLUS: WATERBORNE CLEAR MATT SELF-SEALER FOR INTERIORS

The possibility of brush application after 10% thinning with drinking water make AF 72** a multi-purpose high quality coating which can be used also in those cases in which spray equipment cannot be used.

Use on toys

AF 72**/XX is free from heavy metals and complies with the requirements stated by the European Rule EN 71-3 (Toys Safety – Migration of some elements).

For further information, please refer to "GENERAL GUIDELINES ON USE OF WATERBORNE COATINGS FOR INTERIORS".

Special instructions

- Keep from freezing. Do not store at temperature below 5°C.
- Do not apply at temperature below 15°C.
- Application residues, including washing water and booth water must be disposed of according with the rules in force. Do not pour into drains.
- Because of the variety of materials used to manufacture wood furniture, when moving to a waterborne system from a solvent based system, it is very important to check with the supplier the suitability of equipment and components used, with particular attention to electrostatic guns, pumps, seals, silicones, glues, products for booth water treatment, packing materials, sanding papers, putties, etc.

N.B. Data provided on this Technical Data Sheet correspond to our best knowledge and experience. We assume consideration on the chemical-physical characteristics of our products within the tolerance limits specified on our Technical Data Sheet. Responsibility of final result of product application is fully up to the users, who shall make sure that the product corresponds to their own needs with regard to application system, to substrates used as well as to working conditions.
WARNING: Actual viscosity of some pigmented and/or thixotropic products may differ from the viscosity shown on the Technical Data Sheet. Differences are to be regarded as acceptable if within 30% maximum.
ARCH COATINGS ITALIA S.P.A. – via del Fiffo, 12 – 40065 Pianoro (Bologna) – Italy – phone +39-051-770611 – fax +39-051-770527 – www.archcoatings.it

	SCHEDA TECNICA	data **27.02.03**
		(SIGLE) **AN/mn**
SAYERLACK® **ARCH** COATINGS		N pagg. **2**

SC 2321/85	HYDROPLUS FINITURA ALL'ACQUA TRASPARENTE TIXOTROPICA PER ESTERNI

Versioni e colori	SC 2321/85	30 gloss	Larice

Settore d'impiego — Infissi, serramenti e manufatti in legno esposti all'esterno.

Mezzo d'impiego — Spruzzo: tazza, airmix, airless ed elettrostatica (purché con attrezzature idonee ai prodotti all'acqua).

Diluizione — Il prodotto è pronto all'uso; qualora si ritenesse necessario diluire, impiegare acqua di rete dal 5% al 10%.

Caratteristiche tecniche
* Residuo solido (%): — 40 ± 1
* Peso specifico (kg/lt): — 1,030 ± 0,030

Caratteristiche generali
* Essiccazione all'aria (200 micron a 20°C):

maneggiabile	4 ore
essiccazione	8 ore
accatastabile	24 ore
carteggiabile	24 ore
sovraverniciabile	24 ore

* Essiccazione in tunnel (200 micron a 30°C):

essiccazione	150-180 min
accatastabile	all'uscita dal forno
carteggiabile	16 ore
sovraverniciabile	16 ore

* Grammature consigliate per mano (micron umidi) — da 150 a 300

* Numero di mani: — max 2
* Intervallo tra le mani: — consigliabile di 24 ore
* Resa metrica (m²/Kg): — da 2 a 4 m²/Kg in funzione del sistema applicativo.
* Scadenza (mesi): — 15

L'SC 2321/85 è una finitura monocomponente all'acqua con doti di elasticità e durata che la rendono ideale nel campo della protezione del legno all'esterno. L'SC 2321/85 si affianca alle serie esistenti, privilegiando le caratteristiche richieste in impieghi industriali specifici come distensione, trasparenza e resistenza all'acqua, senza la necessità di introdurre un reticolante. Grazie alla sua particolare formulazione l'SC 2321/85 mostra un'ottima bagnabilità e semplicità di applicazione.

Queste caratteristiche sono state ottenute senza pregiudicare le elevate doti di elasticità e durata che la rendono ugualmente una scelta ideale per la protezione del legno all'esterno.

A parte gli ovvi vantaggi di tipo ecologico e di igiene ambientale e del lavoro, le caratteristiche peculiari del prodotto sono le seguenti:

* Versatilità applicativa: L'SC 2321/85 presenta caratteristiche tixotropiche; può essere applicata sia in piano che in verticale; è idonea sia per cicli industriali che per cicli artigianali.
* Protezione dalle radiazioni UV: L'SC 2321/85, oltre a permanere elastico nel tempo senza infragilimenti, non è soggetto ad alcun fenomeno degradativo causato dalle radiazioni UV, ma anzi protegge il substrato stesso grazie alla presenza di opportuni assorbitori UV e catturatori di radicali. Per avere il massimo effetto protettivo si consiglia sempre l'ulteriore aggiunta dello 0,5 ÷2% di XA 4044/XX, paste a base di ossidi di ferro trasparenti le quali, oltre a garantire una superiore resistenza all'esterno, conferiscono maggior profondità e trasparenza al film.
* Assenza di fenomeni di "blocking".

150

segue SC 2321/85

- Rapidità di essiccazione.
- Assenza di fenomeni di autocombustione.
- Assenza di fenomeni di rimozione anche sovraverniciando in tempi strettissimi.
- Ottima adesione su vecchie pellicole anche di prodotti a solvente. Questa proprietà rende l'SC 2321/85 ideale anche per lavori di ripristino.

Preparazione del substrato
La finitura trasparente HYDROPLUS SC 2321/85 deve essere applicata su legno precedentemente trattato con gli impreganti all'acqua HYDROPLUS AM 548, AM 545 o AM 549. Qualora si desideri applicare una mano intermedia di fondo, si consiglia di usare per l'applicazione a spruzzo l'AM 473 e per l'applicazione a flow-coating l'AM 479.

Sistema di applicazione
A spruzzo (a tazza, airmix, airless o elettrostatica) sia in piano che in verticale. L'SC 2321/85 deve essere diluito con acqua di rete dal 3% al 10%. Gli spessori da applicare sono:
1. cicli a una mano: applicare una mano da 275-300 micron umidi;
2. cicli a due mani: applicare una mano dopo 24 ore previa carteggiatura. E' possibile saltare la carteggiatura tra le due mani di finitura a patto che l'intervallo di tempo sia inferiore a 3 ore. Se si adotta quest'ultimo ciclo, applicare due mani da 150 micron umidi.

Modalità applicative
Indicazioni di massima per l'applicazione del prodotto HYDROPLUS SC 2321/85
1. a tazza: ugello 2,2-2,5 mm; pressione 3-4 bar;
2. airmix: ugello 9-11; pressione del materiale 80-110 bar; pressione dell'aria 1-2 bar;
3. airless: ugello 11-13; pressione del materiale 150-200 bar.
L'impiego di un pre-atomizzatore e/o di un pre-riscaldatore (30-35°C) ha dato nella pratica ottimi risultati di trasparenza ed elevata costanza qualitativa.
Le apparecchiature vanno lavate subito dopo l'impiego con acqua. Nel caso in cui debbano essere asportati film secchi di vernice, impiegare l'XA 4060, lasciandole agire per 6-12 ore, quindi risciacquare con acqua.

Essiccazione
Deve avvenire in locali con una temperatura mai inferiore ai 15°C ed una umidità relativa non superiore all'85%. E' sempre consigliabile far avvenire l'essiccazione in ambienti con circolazione forzata di aria, preferibilmente deumidificata e leggermente calda (28-30°C).

Indicazioni generali
Per ulteriori informazioni, relativamente ad ogni fase della verniciatura di manufatti in legno per estreno con prodotti all'acqua, si consiglia di consultare la nostra Scheda Tecnica "INDICAZIONI GENERALI D'IMPIEGO DELLE VERNICI ALL'ACQUA PER ESTERNO".

Avvertenze
- Non conservare il prodotto in locali con temperature inferiori a 5°C e superiori a 35°C.
- Aggiungere una sola volta, in estate nelle giornate più calde, da un 3% a un 6% del rallentante XA 4026 per migliorare la bagnabilità e ridurre la velocità di essiccazione.
- Se si prevede di impiegare dopo 5-10 giorni la vernice recuperata è consigliabile l'aggiunta, su tutto il recupero, di un 2-4% dell'integratore XA 4017 per evitare problemi di addensamento del prodotto, scarsa distensione, impolmonimento.
- Necessità di avere in fase applicativa, sia per il prodotto che per il supporto e l'ambiente, una temperatura non inferiore a 15°C. Le pellicole che si formano al di sotto di tale temperatura possiedono proprietà di resistenza chimica e meccanica inferiori allo standard qualitativo comunemente ottenibile.
- I residui di verniciatura (acqua di lavaggio, acqua delle cabine, vernice esausta) devono essere smaltiti secondo le normative vigenti. Non gettare residui nelle fognature.

ATTENZIONE: PERICOLO DI FUORIUSCITA DI RESINA NATURALE
Molte specie legnose, in particolare le conifere come il pino, larice, douglas e abete sono ricche di resina naturale, contenuta nei capillari e nelle sacche in prossimità dei nodi.
Eliminare tale resina con l'essiccazione del legno è impresa impossibile ed altrettanto difficile è tentare di bloccarla con le vernici. Prima o poi il calore del sole che batte sull'infisso ne provoca l'uscita. Tuttavia è solo l'aspetto estetico che ne viene danneggiato, poiché la qualità del film di vernice rimane inalterata.

Annexe D

Données complémentaires sur les absorbeurs UV de 1re génération

ACTIBook 1.1 / Apr.97 / Chapter 3.2. Slide 2

BU ICA

MC Coatings

**Product Information Summary
TINUVIN 1130 UV ABSORBER**

TINUVIN 1130 is a liquid 2-hydroxyphenyl Benzotriazole UV Absorber
- of liquid form allowing easy handling
- easily emulsifiable in water borne coatings
- compatible at high concentrations
- of low volatility
- of high chemical stability
- of partial reactivity with Melamine or Isocyanate crosslinkers via its hydroxyl functionality

TINUVIN 1130 applications include high solids thermosetting systems such as automotive clear and solid shade coatings, Acrylic, Alkyd or Polyester/Melamine coatings, 2 Pack- PUR as well as water borne industrial and decorative systems (ie wood stains).

Structure

Transmission Spectrum

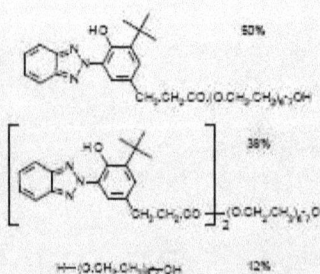

Tinuvin 1130
c = 0.002 g / 100 ml Solution in Toluene
corresponds to 0.5% UVA in a 40 µm Film

Molecular weight: 620
(per chromophore unit)

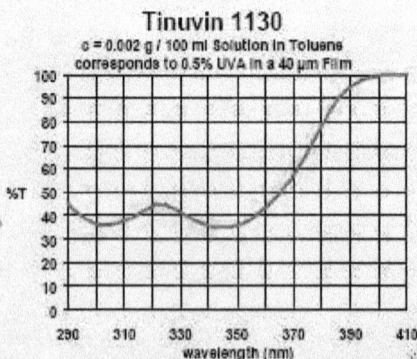

Ciba Specialty Chemicals
Additives

Ciba

Ciba

Ciba® TINUVIN® 5151
Light Stabiliser

General

TINUVIN 5151 is a liquid light stabilizer blend developed specifically for coatings. Its high thermal stability and permanence makes it suitable for coatings exposed to high bake temperatures and extreme environmental conditions. It has been designed to fulfil the high cost/performance and durability requirements of trade sales and industrial applications. Its broad UV absorption allows efficient protection of light sensitive substrates such as wood and plastics.

UV Transmittance Spectrum
(40mg/liter in toluene 1 cm cell thickness)

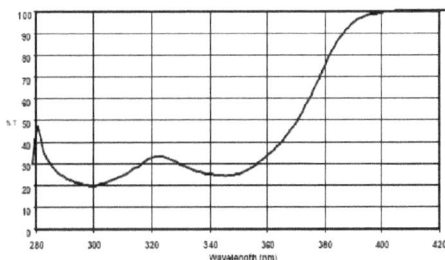

Physical Properties
(typical values)

Appearance: viscous amber liquid

Dynamic Viscosity at 25°C : 7000 mPas
(Brookfield, 20 rpm)

Density at 20°C : 1.10 g/cm^3

Miscibility at 20°C :
TINUVIN 5151 is miscible to more than 50% with most commonly used paint solvents. Water solubility is less than 0.01%.

Applications

TINUVIN 5151 is a versatile light stabilizer which can be used in a wide variety of clear and pigmented coating systems, based on water-borne or solvent-borne paint technology. Due to the hydrophilic nature of the product it is especially suited for use in water-borne coatings for applications such as:

- Wood Coatings
- House and Trim Paints
- 2 component PUR Coatings
- Air drying alkyd emulsions

Other recommended application segments include:
- Industrial Baking Finishes (e.g. PES/melamine Coil Coatings)
- UV radiation curable acrylic and unsaturated polyester (UPES) resin based systems

Ciba® TINUVIN® 5151
Light Stabiliser

Ciba

The dispersion of TINUVIN 5151 in water-borne coatings may be facilitated by dilution with a water miscible cosolvent such as butyldiglycol or Texanol. (Texanol is a registered trademark of Eastman Chemicals)

The amount of TINUVIN 5151 required for optimal performance should be determined in trials covering a concentration range.

Recommended concentration of TINUVIN 5151:
(concentrations are based on weight % binder solids)

Wood Coatings	2 - 5 %
House and Trim Paints	2 - 5 %
1 and 2 component PUR Coatings	1 - 3 %
Non-PUR Finishes	1 - 3 %
Industrial Stoving Finishes	1 - 3 %
UV radiation curable Acrylic and UPES based resin systems	2 - 5 %

Safety and Handling   TINUVIN 5151 should be handled in accordance with good industrial practice. Detailed information is provided in the Safety Data Sheet.

Trademark   TINUVIN is a registered trademark.

Important Notice   Purchase of TINUVIN 5151 alone does not permit use in combination with UV absorbers and/or hindered amine light stabilisers (HALS) in stoving lacquers covered by US Patent Nos. 4'314'933, 4'426'471 and corresponding patents and patent applications in other countries.

Moreover, purchase of TINUVIN 5151 alone does not permit its use in combination with 2hydroxy-phenyltriazine UV absorbers in coatings as covered by US patent No. 5'106'891 and corresponding patents and patent applications in other countries.

Hombitec® RM 300
Hombitec® RM 400

the inorganic UV absorber

SACHTLEBEN

The Hombitec® RM range consists of micronized transparent rutile grades. The invidual grades differ from each other in their crystallite size, surface treatment and crystal-lattice doping.

Both, Hombitec® RM 300 and Hombitec® RM 400, feature special performance in systems used for wood protection.

Hombitec® RM 300 consists of a doped TiO_2 base producing improved weather resistance. Hombitec® RM 300 is coated with Al_2O_3 and also includes an additional surface treatment to enhance dispersibility.

Hombitec® RM 400 is a grade specially developed for wood protection. RM 400 consists of a doped TiO_2 base with an organic and inorganic surface treatment. A further modification with a metal oxide imparts a "warm" coloration to the wood.

Light transmission

The light perceptible to the human eye is only an extremely small portion of the total spectrum of electromagnetic waves. The so-called visible range of the spectrum is located between 400 and 800 nm. Electromagnetic rays with a longer wavelength are referred to as "infrared" radiation, while shorter wavelengths characterize the high-energy "ultraviolet" (UV) radiation band. The critical range for wood and its coating materials is found between 315 and 350 nm.

Light transmission curves with Hombitec® RM 300 and RM 400

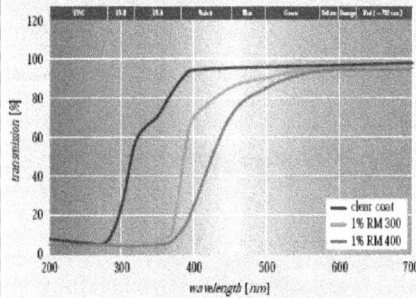

clear coat
1% RM 300
1% RM 400

Typical data

		RM 300	RM 400
TiO_2 content	[%]	88	78
Rutile content	[%]	> 99	>99
Specific surface area	m²/g	60	110
pH value		6.5	6.5
Crystallite size	nm	15	10
Density	g/cm³	4	4
Weather resistance		excellent	excellent
Dispersiblity		very good	very good

Light transmission curves of a UV-cured varnish with
Hombitec® RM 300 and RM 400

157

Hombitec® RM 300
Hombitec® RM 400 — the inorganic UV absorber

SACHTLEBEN

▨ *Scattering power*

The scattering power of a pigment depends not only on its refractive index and the wavelength of the light, but also on the pigment's particle size. Thanks to their fineness, nano-range titanium dioxides such as Hombitec® RM do not scatter visible light and are therefore suitable for use in transparent coatings systems.

Hombitec® RM is colorless and hence eminently suitable for use in clear paint and coating systems.

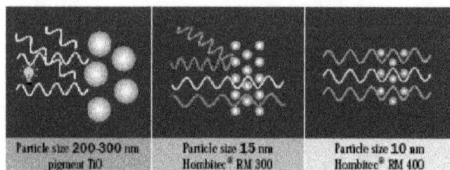

| Particle size 200-300 nm pigment TiO | Particle size 15 nm Hombitec® RM 300 | Particle size 10 nm Hombitec® RM 400 |

▨ *Typical applications for Hombitec® RM grades*

■ Automotive topcoats
■ Metallic effect coatings
■ Industrial coatings
■ Coil coatings
■ Aerospace coatings
■ Printing inks
■ Wood preservative products for indoor & outdoor applications
■ Paper & foil coatings
■ Powder coatings
■ Plastic coatings

Paste formulations	RM 300 WP	RM 400 WP
Water	37.5	45.2
Hombitec® RM	42.9	31.2
Tego Foamex 825	1.0	1.2
Byk 190	11.1	13.4
Propylene glycol	7.5	9.0
	100	*100*
total solids approx.	48 %	37 %
density [gr/cm³]	1.47	1.30

Paste formulations	RM 301 LP	RM 401 LP
Laropal K 80	12.8	13.5
Hombitec® RM	43.0	40.0
Dowanol DPM	38.2	39.5
Butyl glycol	3.0	3.0
Efka 8530	3.0	4.0
	100	*100*
Total solids approx.	57 %	55 %
Density [gr/cm³]	1.50	1.45
Flash point	75 °C	75 °C

Annexe E

Analyses structurales et spectrales du nouveau AUV RNE FM 19900[1]

---

[1]Ces mesures ont été effectuées par les laboratoires IMN et LVC

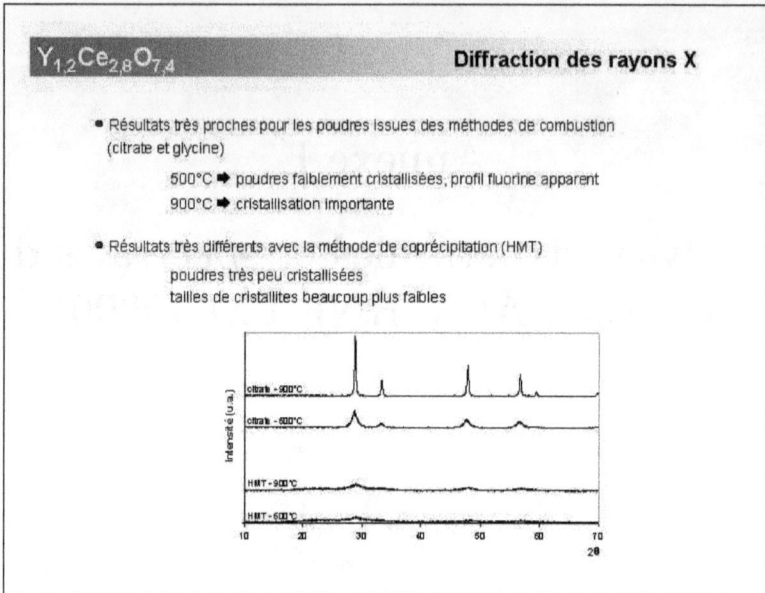

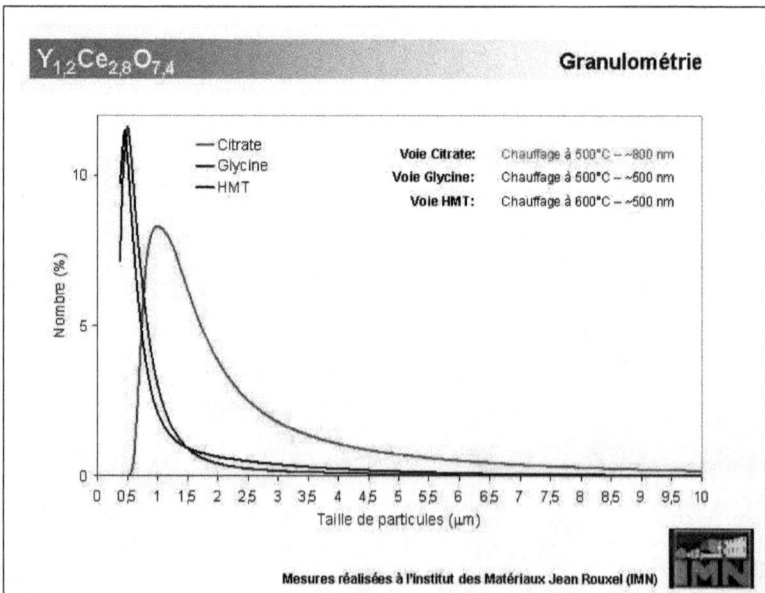

- Etude sur la composition $Y_{1,2}Ce_{2,8}O_{7,4}$ préparée par les différentes voies de synthèse
  citrate, glycine, coprécipitation (HMT)

- Trois méthodes d'analyses: granulométrie laser *

                                         microscopie électronique (MEB)

                                         surface spécifique (BET)

- **Voie citrate**:
  → 500°C
  - $1 < \varnothing < 5$ µm + grosses particules (→ 200 µm)
    → agrégats durs
  - structure très aérée
  - surface spécifique importante
    citrate classique (74 $m^2.g^{-1}$)
    voie citrate n°2 (51 $m^2.g^{-1}$)
  → 900°C
  - densification des poudres
  - diminution de la surface spécifique
    citrate classique (9 $m^2.g^{-1}$)
    voie citrate n°2 (7 $m^2.g^{-1}$)

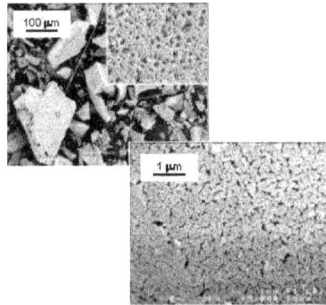

* mesures réalisées à l'IMN (S. Grolleau, S. Jobic)

- Etude sur la composition $Y_{1,2}Ce_{2,8}O_{7,4}$ préparée par les différentes voies de synthèse
  citrate, glycine, coprécipitation (HMT)

- Trois méthodes d'analyses: granulométrie laser *

                                         microscopie électronique (MEB)

                                         surface spécifique (BET)

- Voie citrate:
- **Voie glycine**:
  - structure très aérée
  → 500°C
  - $\varnothing \sim 500$ nm + grosses particules
  - surface spécifique importante (44 $m^2.g^{-1}$)
  → 900°C
  - densification des poudres
  - diminution de la surface spécifique (8 $m^2.g^{-1}$)

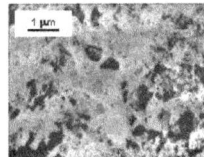

* mesures réalisées à l'IMN (S. Grolleau, S. Jobic)

$Y_{1,2}Ce_{2,8}O_{7,4}$ — **Morphologie des poudres**

- Etude sur la composition $Y_{1,2}Ce_{2,8}O_{7,4}$ préparée par les différentes voies de synthèse citrate, glycine, coprécipitation (HMT)

- Trois méthodes d'analyses: granulométrie laser *
  microscopie électronique (MEB)
  surface spécifique (BET)

- Voie citrate:
- Voie glycine:
- **Voie HMT:**
  ➡ 500°C/900°C
    - Ø < 500 nm + grosses particules (< 100 µm)
    - amas de particules très fines et peu denses (taille grains élémentaires < 10 nm)
    - surface spécifique importante
      500°C (110 m².g⁻¹)
      900°C (70 m².g⁻¹)

* mesures réalisées à l'IMN (S. Grolleau, S. Jobic)

$Y_{1,2}Ce_{2,8}O_{7,4}$ — **Voie colloïdale**

▶ Analyse granulométrique (zeta syzer)

Dilution	Sol. init.	4/5	3/5	2/5	1/5	0,5/5
T_m (g.l⁻¹)	3,65	2,92	2,19	1,46	0,73	0,37
Taille (nm)	61,1	55,7	57,1	56,8	59,1	57,4
Distri. (nm)	34,4	28,0	27,9	29,6	30,0	27,9

Size Distribution by Intensity

$T_m = 2,92$ g.l⁻¹

Taille de particules: 55 – 65 nm

Distribution de tailles: ~ 30 nm

Bibliographie

[Abigail et al, 2004] Abigail S. Kimerling, Surita R. Bhatia. Block copolymers as low-VOC coatings for wood : characterization and tannin bleed resistance. Progress in organic coatings **51** (2004) 15.

[Allan et al, 1986] Allan M, Bally T, Haselbach E, Suppan P, Avar L. Photo-Physics and Photo-Chemistry of Aromatic Oxanilides Used as Polymer Light Stabilizers. Polymer Degradation Stability **15** (1986) 311.

[Allen et al, 2004] Allen N. S. , Edgea M.,Ortega A. , Sandovala G. , Liauwa C. M., Verrana J., Stratton J., McIntyr R. B. Degradation and stabilisation of polymers and coatings : nano versus pigmentary titania particles. Polymer degradation and stability **85**, (2004) 927.

[Arnold et al, 1991] rnold M., Sell J., Feist W.C. Wood weathering in fluorescent ultraviolet and xenon arc chambers. Forest Products, **41**, (1991) 40.

[Ashton, 1980] Ashton H. E. Predicting durability of clear finishes for wood from basic properties. Joint symposium of the Montreal and Toronto societies for coatings technology, **52**, (1980).

[Bauer, 2000] Bauer D.R. Interpreting weathering acceleration factors for automotive coatings using exposure models. Polymer degradation end stability, **69**, (2000) 307.

[Botta et al, 1999] Botta S.G., Navio J.A., Hidalgo M.C., Restrepo G.M., Litter M.I. Photocatalytic properties of ZrO2 and Fe/ZrO2 semiconductors prepared by a sol-gel technique. , Journal of photochemistry and photobiology A-chemistry **129**, (1999) 89.

[Boxhammer, 2001] Boxhammer J. Shorter test times for thermal and radiation induced ageing of polymer materials.1-Acceleration by increased irradiance and temperature in artificial weathering tests. Polymer testing, **20** (2001) 719.

[Brock et al, 2000] Brock T., Groteklaes M. Manuel de technologie des peintures et vernis / Brock, Groteklaes, Mischke ; trad. de l'allemand et adapté par Stanislas Kups, Janine et jean Chrétien Gruninger. Eurocol editions, (2000).

[Castellan et al, 1990] Castellan, A., Colombo N.,Nourmamode A.,Zhu J.H., Lachenal D., Davidson R.S., Dunn L. Discoloration of α-carbonyl-free lignin model compounds under UV light exposure. Journal Wood Chemistry Technology **10**, (1990) 461.

[Castellan et al, 1994] Castellan A., Noutary C., Davidson R.S. Attempts to photo-stablize paper made from high-yield pulp by application of UV screens containing groups to aid their compatibility with cellulose and lignin. Journal of photochemistry and photobiology A-chemistry **84**, (1994) 311.

[**CEA, 2003**] CEA. Petit déjeuner de presse Les nanomatériaux au CEA. **Mars**, (2003).

[**Chang et Chang, 2001**] Chang H. T., Chang S.T. Correlation between softwood discoloration induced by accelerated lightfastness testing and by indoor exposure. Polymer degradation and stability, **72**, (2001) 361.

[**Chang et Chou, 2000**] Chang S.T. , Chou P.L. Photodiscoloration inhibition of wood coated with UV-curable acrylic clear coatings and its elucidation. Polymer degradation and stability, **69**, (2000) 355.

[**Comerford , 1985**] Comerford G.L. Accelerated, weathering, 60 years and beyond. ATLAS sun spots, **15**, (1985) 1.

[**Custodio et al, 2004**] Custodio J., Eusébio I., Nunes L. Durability of varnishes-are subjective assessments enough ? COST E-18 : Coatings on Wood Symposium on Measurement Methods, Coating Consultancy Copenhagen, 16-17 **Feb.** (2004).

[**Davidson et al, 1991**] Davidson, R.S., Dunn L., Castellan A., Colombo N., Nourmamode A., Zhu J.H.. A study of the photoyellowing of paper made from bleached CTMP. Journal Wood Chemistry Technology **11**, (1991) 419.

[**De Meijer, 2001**] De Meijer M. Review on the durability of exterior wood coatings with reduced VOC-content. Progress in organic coatings, **43**, (2001) 217.

[**Déglise et Merlin, 2000**] Déglise X., Merlin A. Comportement photochimique du bois non traité, Chapitre 7 dans «Durabilité du bois et problèmes couplés». Edition Hermes Sciences, (2000) Paris.

[**Déglise et Merlin, 1994**]] Déglise X., Merlin A. Comportement photochimique du bois soumis à un rayonnement de type solaire. Actualité Chimique 7 (Suppl.) (1994) 156.

[**Derbyshire et Miller, 1981**] Derbyshire H., Miller E. The photodegradation of wood during solar irradiation, Part I : Effects on the structural integrity of thin wood strips. Holz als Roh-und Werkstoff, **39**, (1981) 341.

[**Dilorenzo, 1994**] Dilorenzo M. Paint and Coatings Industry, **November** (1994) 33.

[**Dirckx, 1988**] Dirckx O. Etude du comportement photochimique de l'Abies grandis sous irradiation solaire. Thèse de 3ᵉcycle en Sciences du Bois, Université H. Poincaré Nancy, 1, (1988).

[**Dören et al, 1996**] Dören K., Freitag W. Peinture en phase aqueuse, une nouvelle approche des revêtements favorables à l'environnement/trad. et adapté de l'allemand par Jean-Chrétien Gruninger et al. Librairie de traitement de surface (1996).

[**Emery, 1982**] Emery J.A. A laboratory weathering method for evaluating finish durability on plywood sidings and composite panels. Permanence of organic coatings, ASTM STP 781, (1982) 86.

[**Evans et al, 2002**] Evans P.D. , Owen N.L., Schmid S., Webster R.D. Weathering and photostability of benzoylated wood. Polymer degradation and stability, **76**, (2002) 291.

[**Evans et al, 1994**] Evans, P.D., Pirie J.D.R., Cunningham R.B., Donnelly C.F., Schmalzl K.J. A quantitative weathering study of wood surfaces modified by chromium VI and Iron III compounds. Holzforschung, **48**, (1994) 331.

[**Gaillard, 1984**] Gaillard J.M. Photodégradation des systèmes bois-finition (résines alkydes). Thèse de 3^ecycle Sciences du Bois, Université Nancy I, (1984).

[**Garcia et Rogez, 1995**] Garcia, R., Rogez D. Stabilisation de revêtements photoréticulables sur support bois pour applications extérieures. Rapport DESS Bois, Epinal, France, (1995) 1.

[**George et al, 2005**] George B., Suttie E., Merlin A., Deglise X. Photodegradation and photostabilisation of wood-the state of the art. Polymer Degradation and Stability, **88** (2005) 268.

[**Ghiggino, 1996**] Ghiggino KP. Photostabilization of polymeric materials. Journal of Macromolecular Sciences A : Pure Applied Chemistry, **33** (1996) 1541.

[**Ghiggino et al, 1986**] Ghiggino K.P., Schully A.D., Leaver I.H. Journal Physical Chemistry **90** (1986) 5089.

[**Ginestar, 2003**] Ginestar J. Cosmotices and toiletries magazine, **118** (2003).

[**Goubin, 2003**] Goubin F. Relation entre fonction diélectrique et propriétés optiques : application à la recherche d'absorbeurs UV inorganiques de 2e génération. Thèse de 3^ecycle en Sciences des matériaux, Université de Nantes, (2003).

[**Green, 1995**] Green C. Paint and Coatings Industry, **September** (1995) 49.

[**Grelier et al, 1997**] Grelier S., Castellan A., Desrousseaux S., Nourmamode A., Podgorski L. Attempt to protect wood colour against UV/Visible light by using antioxydants bearing isocyanates groups and grafted to the material with microwave. Holzforschung **51**, (1997) 511.

[**Grossmann, 1990**] Grossmann P.R. Connaissez votre ennemi : le temps et comment le reproduire en laboratoire. Galvano-organo-traitements de surface, **607**, (1990) 569.

[**Gugumus, 1990**] Gugumus F. In : Pospisil J, Klemchuk P.P. Editors. Oxidation inhibition in organic materials, vol. II. Boca Raton, FL : CRC Press, (1990) 29.

[**Gupta et Seyler, 1994**] Gupta M.K., Seyler R.J. Glass transition measurements on automaotive coatings by DSC, DMA, and TMA, Assignement of the glass transition, ASTM STP 1249. , Ed. American society for testing and materials, (1994) 293.

[**Hayoz et al, 2003**] Hayoz P., Peter W., Rogez D. A new innovative stabilization method for the protection of natural wood. Progress in organic coatings, **48**, (2003) 297.

[**Hill et al, 1994**] Hill L.W, Korzeniowski H.M., Ojunga-Andrew M., Wilson R.C. The Temporal Logic of Actions. Progress in organic coatings **24** (1994) 147.

[**Hocken et al, 1999**] Hocken J., Pipplies K., Schulte K., The advantageous use of ultra fine titanium dioxide in wood coatings. Creative Advances in Coatings Technology, 5th Nürnberg Congress, 12-14 April (1999), Nürnberg (Nuremberg), Germany.

[**Homan, 2004**] Homan W.J. Wood Modification, state of the art. COST E 18 **Avril**, (2004) Paris.

[**Hon, 1990**] Hon D.N.S. In : Wood and cellulose chemistry. Eds. D.N.S.Hon and N. Shiraishi. Marcel Dekker, New-York (1990) 525.

[**Immamura, 1993**] Immamura Y. Morphological changes in acetylated wood exposed to weathering. Wood Research **79**, (1993) 54.

[**ISO 4628/4, 1982**] International organization for standardization. Paints and varnishes - Evaluation of degradation of paint coatings - Designation of intensity, quantity and size of common types of defect - Part 4 : Designation of degree of cracking. ISO 4628/4 (1982),première edition, France.

[**Irigoyen et Aragon, 2001**] Irigoyen N., Aragon E. Caractérisations compares du vieillissement photochimique et thermique de peintures : caractérisations mécaniques, physico-chimiques et chimiques. Double liaison, **525**, (2001) 43.

[**Jaques, 2000**] Jaques L.F.E. Accelerated and outdoor/natural exposure testing of coatings. Progress in polymer science, **25**, (2000) 1337.

[**Kamoun et al, 1999**] Kamoun C., Merlin A., Deglise X., Urizar S., Fernandez A.M. Etude par spectroscopie RPE de la photodégradation des lignines extraites du bois de pin radiata. Annales Forestières Sciences, **56**, (1999) 563.

[**Kiguchi et al, 2001**] Kiguchi M., Evans P. D., Ekstedt J., Williams R. S., Kataoka Y. Improvement of the durability of clear coatings by grafting of UV-absorbers on to wood. Surface coatings international Part B : Coatings transactions, **84** (2001) 243.

[**Kim et Nairn, 2000**] Kim S.-R.S.-R., Nairn J.A.J.A. Fracture mechanics analysis of coating/substrate systems - Part II : Experiments in bending. Engineering fracture mechanics **65** (2000) 595.

[**Kimerling et Bhatia, 2004**] Kimerling A.S., Bhatia S.R. Block copolymers as low-VOC coatings for wood : characterization and tannin bleed resistance. Progress in organic coatings, **51**, (2004) 15.

[**Kinmonth, 1983**] Kinmonth R.A. An assessment of reference standards for the actinic simulation of solar radiation. ATLAS sun spots, **13**, (1983) 1.

[**Le Marois, 2004**] Le Marois G. . Enjeux et perspectives économiques des nano-matériaux. Séminaire OMNT/nanomatériaux Paris, **janvier** (2004).

[**Lemaire, 2001**] Lemaire J. Predicting polymer durability. Chemtech, **octobre** (1996) 42.

[**Lemaire, 1998**] Lemaire J. Prédiction du comportement à long terme des matériaux polymères. Journal Physical Chemistry, **95**, (1998) 1386.

[**Martin, 2002**] Martin J.W., Nguyen T.,Byrd E., Dickens B., Embree N. Relating laboratory and outdoor exposures of acrylic melamine coatings, cumulative damage model and laboratory exposure apparatus. Polymer degradation and stability, **75** (2002) 193.

[**Martin, 1999**] Martin J.W. An integrating sphere-based ultraviolet exposure chamber design for the photodegradation of polymeric materials. Polymer degradation and stability, **63**, (1999) 297.

[**Mazet et al, 1993**] Mazet, J.F., Triboulot M.C., Merlin A., Janin G., Deglise X. Modification de la couleur du bois de chênes européens exposés à la lumière solaire. Annales Sciences Forestières **50**, (1993) 119.

[**Müller et Poth, 2003**] Müller B., Poth U. Formulation des peintures et vernis. Eurocol editions, Vincentz Network. (2003).

[**Nguyen et Martin, 2000**] Nguyen T., Martin J.W. Effects of relative humidity on photodegradation of acrylic melamine coatings : a quantitative study. The American Chemical Society, **83**, Fall meeting, 20-24 Août 2000, Washington.

[**Oosterbroek et al, 1991**] Oosterbroek M., Lammers R. J., Van der Ven L. G. J., Perera D. Y. Crack formation and stress development in an organic coating. , 67th annual meeting of the federation of societies for coatings technology, **63**, (1991) 55.

[**Perera, 2003**] Perera D.Y. Physical ageing of organic coatings. Progress in organic coatings **47**, (2003) 61.

[**Perera et Vanden Eynde, 1987**] Perera D.Y. and Eynde D.V. Moisture and temperature induced stresses (hygrothermal stress) in organic coatings. Journal of coatings technology **59**, (1987) 55.

[**Perera,, 2004**] Perera D.Y. Effect of pigmentation on organic coating characteristics, Review. Progress in organic coatings **50**, (2004) 247.

[**Pickett, 1997**] Pickett J.E. Highlights in chemistry and physics of polymer stabilization. Macromolecular Symposia, Bratislava, Slovakia **115**, (1997) 143.

[**Pikett et Webb, 1997**] Pikett J.E, Webb K.K. Calculated and measured outdoor UV doses. GE Research and development center, **December** (1997).

[**Podgorski et al, 2003**] Podgorski L, Arnold M, and Hora G. The Temporal Logic of Actions. Coatings world **39**, (2003).

[**Podgorski et Merlin, 2001**] Podgorski L., Merlin A. Systèmes bois-finitions extérieures, vieillissement, comportement. Chapitre 7 dans Durabilité des bois et problèmes couplés. Editions Hermes Science (2001).

[**Podgorski, 2000**] Podgorski L. A reliable artificial weathering test for wood coatings. 14èmes journées d'études sur le vieillissement des polymers, Bandol, **Sept** (2000).

[**Podgorski et al, 1996**] Podgorski L., Merlin A., Deglise X. Analysis of the natural and articficial weathering of a wood coating by measurement of the glass transition temperature. Holzforschung **50**, (1995) 282.

[**Podgorski et al, 1994**] Podgorski L., Merlin A., Saiter J.M.. Natural and artificial ageing of an alkyd based wood finish. Calorimetric investigations Journal of thermal analysis **41**, (1994) 1319.

[**Podgorski, 1993**] Podgorski L. Caractérisation d'un système bois-finition : étude du support bois, de la résine et du vieillissement du système complet. Thèse de 3^{e}cycle en Sciences du Bois, Université Nancy I, (1993).

[**Pospisil et Nespurek, 2000**] Pospisil J., Nespurek S. Photostabilization of coatings. Mechanisms and performance. Progress in Polymer Sciences **25** (2000) 1261.

[**Rabek, 1996**] Rabek J.F. Photodegradation of polymers. Berlin : Springer (1996).

[**Rabek, 1990**] Rabek J.F. Photostabilization of polymers, principles and application. London : Elsevier (1990).

[**Renk et Swartz, 1995**] Renk C., Swartz A. Paint and Coatings industry **September** (1995) 52.

[**RIVATON, 1985**] Rivaton A. Photovieillissement : évaluation des sources lumineuses. Caoutchoucs et plastiques, **651**, (1985) 81.

[**Rosen, 1985**] Rosen S.L. Fundamental principles of polymeric materials. $2^n d$ edition, John Wiley and Sons, New York, (1993).

[**Roux et Anquetil, 1994**] Roux M. L., Anquetil F. Finition des ouvrages en bois dans le bâtiment (1994).

[**Schmid, 1999**] Schmid E.V. Fissuration des peintures extérieures à la lumière de la température de transition vitreuse. Edition Eurocol, (1999).

[**Scott, 1996**] Scott K.P. Accelerated weathering test, correlation study. Atlas sun spots, **26**, (1996), 1.

[**Searle, 1984**] Searle N.D. The activation spectrum and its significance to weathering of polymeric materials. Atlas sun spots, **14**, (1984) 1.

[**Sell et Feist, 1986**] ell J., Feist W.C. U.S. and European finishes for weatherexposed wood, a comparison. Forest Products Journal, **36**, (1986) 37.

[**Tolvaj et al, 2001**] Tolvaj L., Barta E., Papp G. Dependance on light sources of the artificial photodegradation of wood.] Cost E 18, Seminar 2-Wood photodegradation and stabilisation, 18-19 June, (2001), Paris, France.

[**Torres, 1992**] Torres B.R. Correlacion entre pruebas de intemperie natural y accelerada. Pinturas y acabados,(1992) 71.

[**Tramontano et Blank, 1995**] Tramontano V.J., Blank W.J. Crosslinking of Waterborne Polyurethane Dispersions. Journal Coatings Technology 67 (1995), 89.

[**Triboulot, 1993**] Triboulot M. C. Photostabilisation de la couleur du matériau bois. Thèse de 3^ecycle en Sciences du Bois, Université Nancy I, (1993).

[**Valet, 1997**] Valet A. Light stabilizers for paints. Hannover : C.R. Vincentz Verlag, (1997).

[**Vanuci et al, 1988**] Vanuci C., Fornier de Violet P., Bouas-Laurent H., Castellan A. Photodegradation of lignin : A photophysical and photochemical study of a non phenolic and carbonylβ-O-4 lignin model dimer, 3-4-dimethoxy-α-(2'-methoxyphenoxy) acetophenone. Journal of photochemistry and photobiology A-chemistry **41**,(1988) 251.

[**Verdu, 1984**] Verdu J. Vieillissement physique des plastiques. Ed. Eyrolles, Publications Compiégne (1984) 387.

[**Weiss, 1997**] Weiss K.D. Paint and coatings : A mature industry in transition. Progress in Polymer Sciences, **22**, (1997) 203.

[**White et Turnbull, 1994**] White J.R., Turnbull A. Journal of Materials Science **29**, (1994), 584.

[**Williams, 1983**] Williams R.S. Effect of grafted UV stabilizers on wood surface erosion and clear coating performance. Journal of applied polymer science, **28**, (1983) 2093.

[**Williams et Feist, 1996**] Williams R.S., Feist W.C. Finishes for exterior wood. Forest products society,(1996).

[**Xie et al, 2005**] Xie Y., Krause A., Maia C., Militz H., Richter K., Urban K., Evans P.D. Weathering of wood modified with the N-methylol compound 1,3-dimethylol-4,5-dihydroxyethyleneurea. Polymer Degradation and Stability **89** (2005) 189.

[**Yang et Tallman, 2002**] Yang X.F., Tallman D.E. Blistering and degradation of polyurethane coatings under different accelerated weathering tests. Polymer degradation and stability, **77**, (2002) 103.

[**Yang et Vang, 2001**] Yang X.F., Vang C. Weathering degradation of a polyurethane coating. Polymer degradation and stability, **74** (2001) 341.

[**Zheng et al, 1997**] Zheng S.K., Wang T.M., Weng C. Journal of Material Sciences Letters **21**, (2002) 1465.

[**Zweifel, 1997**] Zweifel H. Stabilization of polymeric materials. Springer-Verlag Berlin and Heidelberg, (1997).

Résumé

Ce travail est une étude exploratoire sur la possibilité de production d'un anti-UV inorganique de 2e génération. Deux produits inorganiques ont été synthétisés et testés. Face à un matériau naturel, hétérogène et dynamique tel que le bois, les résultats d'évaluation des performances de photostabilisation sont assez variables non seulement en fonction de l'essence de bois et du type de résine utilisés mais aussi suivant le type de vieillissement. Parallèlement aux tests de vieillissement, l'effet des différents anti-UV sur les propriétés physico-chimiques et mécaniques des films de finition a été étudié en mettant en oeuvre des techniques d'analyse telle que la spectroscopie UV-visible, TMA, RPE et des essais mécaniques. Il apparaît que le pouvoir photoprotecteur joue un rôle important dans les performances de photostabilisation. D'autre part, contrairement aux absorbeurs UV organiques, les inorganiques font augmenter la Tg facilitant ainsi l'apparition des craquelures du film de finition.

Abstract

This project deals with a new inorganic UV absorber able to answer a 2nd generation requirements. Two new inorganic products have been developed and tested for this purpose. Because wood is a natural material, heterogeneous and dynamic, the weathering exposure results were rather variable, not only according to the wood species and type of resin used but also according to the type of ageing. In parallel to the weathering exposure tests, the effect of the UV absorbers onto physical, chemical and mechanical properties of finishes was investigated by implementing some analysis techniques as TMA analysis, mechanical tests, UV-visible and ESR spectra. It appears that the quality of the UV absorber to attenuate UV radiation is a fundamental element in determining photostabilisation effectiveness. In the other hand, contrarily to organic UV absorbers, the inorganic products increase the coating Tg value after weathering exposure. These phenomena can lead in particular to the crack formation.

Mots-clés: Absorbeur UV, inorganique, finition transparente, photostabilisation, bois, vieillissement, T_g, module d'élasticité, TMA, RPE, spectroscopie UV-visible, QUV, sapin, chêne, tauari.